给水管道非开挖修复
工程消耗量计价标准

（2024 年版）

中国地质学会非开挖技术专业委员会
中国测绘学会地下管线专业委员会　组织编写

U0284722

中国建筑工业出版社

图书在版编目（CIP）数据

给水管道非开挖修复工程消耗量计价标准：2024年版 / 中国地质学会非开挖技术专业委员会，中国测绘学会地下管线专业委员会组织编写. -- 北京：中国建筑工业出版社，2024.10. -- ISBN 978-7-112-30411-0

Ⅰ. TU991.36-65

中国国家版本馆 CIP 数据核字第 2024RN1976 号

责任编辑：高　悦
责任校对：李美娜

给水管道非开挖修复工程消耗量计价标准（2024年版）

中国地质学会非开挖技术专业委员会
中国测绘学会地下管线专业委员会　　组织编写

*

中国建筑工业出版社出版、发行（北京海淀三里河路9号）
各地新华书店、建筑书店经销
霸州市顺浩图文科技发展有限公司制版
天津安泰印刷有限公司印刷

*

开本：880毫米×1230毫米　1/16　印张：7¼　字数：219千字
2024年10月第一版　　2024年10月第一次印刷
定价：**50.00**元
ISBN 978-7-112-30411-0
（43727）

版权所有　翻印必究

如有内容及印装质量问题，请与本社读者服务中心联系
电话：（010）58337283　QQ：2885381756
（地址：北京海淀三里河路9号中国建筑工业出版社604室　邮政编码：100037）

《给水管道非开挖修复工程消耗量计价标准（2024年版）》编制单位和人员

主编单位： 中国地质学会非开挖技术专业委员会

中国测绘学会地下管线专业委员会

参编单位： （拼音顺序，排名不分先后）

安徽贝耐德管道新材料科技有限公司

安徽普洛兰管道修复技术股份公司

包头市水务（集团）有限公司

保定金迪地下管线探测工程有限公司

北京北排建设有限公司

北京城更科技有限公司

北京焕发管道修复有限公司

北京隆科兴科技集团股份有限公司

北京路桥瑞通科技发展有限公司

北京市自来水集团有限责任公司

北京市自来水集团禹通市政工程有限公司

成都龙之泉科技股份有限公司

大连德泰水务环境有限公司

道雨耐节能科技宿迁有限公司

鼎尚（珠海）科技发展有限公司

广州市自来水有限公司

哈尔滨供水集团有限责任公司

杭州诺地克市政工程有限公司

杰瑞高科（广东）有限公司

兰州城市供水（集团）有限公司

普莱姆斯管道（上海）有限公司

萨泰克斯管道修复技术（平湖）有限公司

上海管康技术有限公司

上海管丽建设工程有限公司

上海乐通管道工程有限公司

上海浦东威立雅自来水有限公司

上海水务建设工程有限公司

上海拓洪管道材料有限公司

上海宇联给水工程有限公司

上海誉帆环境科技股份有限公司

深圳市博铭维技术股份有限公司

深圳市工勘岩土集团有限公司

深圳市施罗德工业集团有限公司

深圳市巍特环境科技股份有限公司

天津市管道工程集团有限公司

天津水务集团有限公司

天津倚通科技发展有限公司

图韧（上海）新材料有限公司

乌鲁木齐水业集团有限公司

五行科技股份有限公司

武汉市水务集团有限公司

厦门海迈科技股份有限公司

阳江市水务集团有限公司

浙江宁水水务科技有限公司

中国地质大学（北京）

中国国际经济交流中心

特别鸣谢：

中国城镇供水排水协会城市供水分会

主　　编：马孝春　胡远彪　许　晋

参编人员：（拼音顺序，排名不分先后）

包　凌	蔡　勇	曹积宏	陈德明	陈　鸿	陈威任	陈卫星
代　毅	董丹阳	杜建勇	韩　春	何　善	何　鑫	洪　源
吉乃晋	姜振波	李林昊	李　玲	李　任	李　爽	刘　彬
刘会忠	刘丽辉	刘　林	刘青德	刘文萍	陆学兴	马立旺
潘忠文	平保生	齐轶昆	秦　静	秦庆戊	邵海波	宋有聚
宋智广	孙　颖	孙跃平	谭　俊	田　红	田　若	仝志强
佟景男	王成全	王洪锋	王鸿鹏	王明岐	王伟伟	王亚新
王远峰	熊　伟	杨　博	杨　磊	杨梦华	杨　鹏	张　波
张富鑫	张　泓	张　杰	张凯铭	张丽蕊	张琼洁	张学双
张振华	赵东升	赵志宾	翟羽佳	郑　鹏	周连梅	

　　本定额由中国地质学会非开挖技术专业委员会管道修复技术专家组提出，由中国地质学会非开挖技术专业委员会负责解释。

编 制 说 明

一、本计价标准适用于给水管道非开挖修复工程，主要工作内容涉及管道检测、管道清洗、管道修复等。

二、本计价标准是在有关市政工程预算计价标准的基础上，结合已实施的管道修复工程施工技术方案进行编制的。本计价标准基价的人工、材料、机械的价格均采用市政工程价格信息中的要素价格。各地在使用中可根据本地当期建设市场价格调整表确定。当设计要求与本计价标准不符时，主材可进行调整。本手册中的单价只作参考使用，以当地信息价为准；没有信息价的，以当地市场价为准。各工法消耗量计价标准以本书为准。

三、本计价标准是指导给水管道修复专业设计概预算、招标投标控制价、投标报价的编制及工程合同价约定、竣工结算办理、工程造价审核等工作的依据。可作为编制工程中各类涉及管道修复专业部分的概预算、决算的参考。

四、本计价标准是按照正常的施工条件、施工工期、施工工艺、劳动组织编制的，反映了全国管道非开挖修复工程的社会平均消耗水平。材料分为主要材料、周转性材料和其他材料，除其他材料以主要材料和周转材料的材料费之和的百分率计算外，其消耗量中均已考虑了由于施工操作、堆放以及运输造成的合理损耗。本计价标准的机械台班均按八小时工作制计算，其消耗量包括了机械幅度差、设备空闲时间等。计价标准中的机械类型、规格是在正常施工条件下，按照常用机械类型确定的，如实际施工采用的机械设备与计价标准不符时，均不作调整。

五、工作内容中已扼要说明了主要施工工序，次要工序已考虑在计价标准内。

六、本计价标准中**不包含**以下工作产生的费用：

(1) 管道周围环境勘察；

(2) 临时征地赔偿；

(3) 综合管线的保护和迁移；

(4) 路面开挖与恢复；

(5) 设备材料的长途运输；

(6) 工作坑开挖、支护、降排水；

(7) 临时给水管道安装及拆卸；

(8) 管道清洗、污垢外运及处理；

(9) 设备在现场二次倒运；

(10) 断管、支墩浇筑、断点连接；

(11) 管道试压、清洗、消毒。

七、各项工作单价可以单独使用，也可组合使用。比如，仅包含管道检测的工程，采用管道检测计价标准单价取费；包含管道检测、清洗、内衬修复等多项工作的工程，可采用各项工作计价标准单价相加取费，如有重复计费或遗漏，可据实调整。

八、对于本计价标准之外其他直径管道工程，综合考虑向上相邻管道直径计价标准消耗量合理计算（例如：DN450 管道按照 DN500 管道消耗量计算）。

九、消耗量计价标准仅包含管道非开挖修复涉及的专业工作量，对于工程中涉及的其他工作，如有发生，参照行业已有相关计价标准据实计取。

十、计价标准的费用计算标准以各地造价管理处为准。

十一、其他材料费＝材料合计×2％，其他机具费＝人工费×1.5％。

目　　录

1 管道预处理

管道修复前需要进行预处理。

管道预处理的工作主要包括：管壁清理、管道烘干、管道封堵与拆除等。

1.1 管壁清理

管壁清理的主要工作是清除管内及管壁上的杂物和附着物，露出管道基层并保持清洁。

给水管道管壁清理的方法有：人工清洗、高压水清洗（水射流出口压力≤200bar）、超高压水清洗（水射流出口压力≥1000bar）、喷砂处理、机械清管、结垢物清除、管道积水抽除等。

1.1.1 人工清洗

人工清洗是指人进入管道，通过清洗机具对管壁进行清洗。

工作内容包括：（1）通风、气体检测；（2）人工进入管内清理管壁上的结垢、附着物和管内少量的砂石杂物等，并运至施工场内指定地点堆放；（3）清洗保养机具。

人工清洗消耗量计价标准见表1-1～表1-4。

1.1.1.1 DN800～DN1000

人工清洗消耗量计价标准（DN800～DN1000）　　　　　　　　　　表1-1

项目名称					人工清洗		
计量单位					m		
定额编号					1-1-1	1-1-2	1-1-3
管道直径					DN800	DN900	DN1000
基价(元)					480.09	495.81	511.53
其中	人工费(元)				72.00	73.80	75.60
	材料费(元)				20.19	20.78	21.37
	机械费(元)				387.90	401.23	414.56
类别	名称	规格	单位	单价(元)	消耗量		
人工	人工	—	工日	180.00	0.400	0.410	0.420
材料	水	—	m³	5.82	3.400	3.500	3.600
	其他材料费	—	元	1.00	0.400	0.410	0.420
机械	正压式呼吸器	—	台班	150.00	0.400	0.400	0.400
	轴流风机	7.5kW	台班	100.00	0.078	0.080	0.082
	柴油发电机	30kW	台班	650.00	0.078	0.080	0.082
		50kW	台班	950.00	0.078	0.080	0.082
	气体检测仪	—	台班	80.00	0.080	0.080	0.080
	卷扬机	20kN	台班	300.00	0.078	0.080	0.082
	管内运输车	—	台班	150.00	0.078	0.080	0.082
	载重汽车	2t	台班	291.91	0.038	0.040	0.042
	潜污泵	φ100	台班	150.00	0.078	0.080	0.082
	水冲车	5t	台班	812.03	0.160	0.170	0.180
	其他机具费	—	元	1.00	1.080	1.110	1.130

1.1.1.2 DN1100～DN1300

人工清洗消耗量计价标准（DN1100～DN1300）   表 1-2

项目名称					人工清洗		
计量单位					m		
定额编号					1-1-4	1-1-5	1-1-6
管道直径					DN1100	DN1200	DN1300
基价(元)					497.42	558.24	627.18
其中	人工费(元)				80.10	81.90	83.70
	材料费(元)				22.27	22.86	23.45
	机械费(元)				395.05	453.48	520.03
类别	名称	规格	单位	单价(元)	消耗量		
人工	人工	—	工日	180.00	0.445	0.455	0.465
材料	水	—	m³	5.82	3.750	3.850	3.950
	其他材料费	—	元	1.00	0.440	0.450	0.460
机械	正压式呼吸器	—	台班	150.00	0.455	0.455	0.455
	轴流风机	7.5kW	台班	100.00	0.081	0.091	0.101
	柴油发电机	30kW	台班	650.00	0.081	0.091	0.101
		50kW	台班	950.00	0.081	0.091	0.101
	气体检测仪	—	台班	80.00	0.091	0.091	0.091
	卷扬机	20kN	台班	300.00	0.081	0.091	0.101
	管内运输车	—	台班	150.00	0.081	0.091	0.101
	载重汽车	2t	台班	291.91	0.035	0.045	0.055
	潜污泵	φ100	台班	150.00	0.081	0.091	0.101
	水冲车	5t	台班	812.03	0.150	0.190	0.240
	其他机具费	—	元	1.00	1.200	1.230	1.260

1.1.1.3 DN1400～DN1600

人工清洗消耗量计价标准（DN1400～DN1600）   表 1-3

项目名称					人工清洗		
计量单位					m		
定额编号					1-1-7	1-1-8	1-1-9
管道直径					DN1400	DN1500	DN1600
基价(元)					665.56	704.91	744.27
其中	人工费(元)				85.50	87.30	89.10
	材料费(元)				23.75	24.93	26.12
	机械费(元)				556.31	592.68	629.05
类别	名称	规格	单位	单价(元)	消耗量		
人工	人工	—	工日	180.00	0.475	0.485	0.495
材料	水	—	m³	5.82	4.000	4.200	4.400
	其他材料费	—	元	1.00	0.470	0.490	0.510
机械	正压式呼吸器	—	台班	150.00	0.465	0.475	0.485
	轴流风机	7.5kW	台班	100.00	0.111	0.121	0.131

2

类别	名称	规格	单位	单价(元)	消耗量		
机械	柴油发电机	30kW	台班	650.00	0.111	0.121	0.131
		50kW	台班	950.00	0.111	0.121	0.131
	气体检测仪	—	台班	80.00	0.100	0.110	0.120
	卷扬机	20kN	台班	300.00	0.111	0.121	0.131
	管内运输车	—	台班	150.00	0.111	0.121	0.131
	载重汽车	2t	台班	291.91	0.065	0.075	0.085
	潜污泵	φ100	台班	150.00	0.111	0.121	0.131
	水冲车	5t	台班	812.03	0.250	0.260	0.270
	其他机具费	—	元	1.00	1.280	1.310	1.340

1.1.1.4 DN1800 及以上

人工清洗消耗量计价标准（DN1800 及以上） 表 1-4

项目名称					人工清洗		
计量单位					m		
定额编号					1-1-10	1-1-11	1-1-12
管道直径					DN1800	DN2000	DN2000 以上
基价(元)					856.10	894.87	933.63
其中	人工费(元)				90.90	92.70	94.50
	材料费(元)				26.71	27.31	27.90
	机械费(元)				738.49	774.86	811.23

类别	名称	规格	单位	单价(元)	消耗量		
人工	人工	—	工日	180.00	0.505	0.515	0.525
材料	水	—	m³	5.82	4.500	4.600	4.700
	其他材料费	—	元	1.00	0.520	0.540	0.550
机械	正压式呼吸器	—	台班	150.00	0.495	0.505	0.515
	轴流风机	7.5kW	台班	100.00	0.141	0.151	0.161
	柴油发电机	30kW	台班	650.00	0.141	0.151	0.161
		50kW	台班	950.00	0.141	0.151	0.161
	气体检测仪	—	台班	80.00	0.130	0.140	0.150
	卷扬机	20kN	台班	300.00	0.141	0.151	0.161
	管内运输车	—	台班	150.00	0.141	0.151	0.161
	载重汽车	2t	台班	291.91	0.095	0.105	0.115
	潜污泵	φ100	台班	150.00	0.141	0.151	0.161
	水冲车	5t	台班	812.03	0.370	0.380	0.390
	其他机具费	—	元	1.00	1.360	1.390	1.420

1.1.2 高压水清洗

高压水清洗是指人不进入管道内，仅使用高压水（水射流出口压力≤200bar），由高压清洗机具对管壁进行的清洗。

工作内容包括：（1）清洗管壁结垢、附着物和管内少量淤泥砂石杂物等；（2）吸出井内淤泥、砂石杂物等；（3）清洗保养机具。

高压水清洗的消耗量计价标准见表1-5。

高压水清洗消耗量计价标准

表1-5

项目名称					高压水清洗		
计量单位					m		
定额编号					1-2-1	1-2-2	1-2-3
管道直径					DN300及以下	DN400～DN600	DN800～DN1000
基价（元）					59.16	89.19	139.51
其中	人工费（元）				18.00	27.00	36.00
	材料费（元）				0.89	1.78	2.97
	机械费（元）				40.27	60.41	100.54
类别	名称	规格	单位	单价（元）	消耗量		
人工	人工	—	工日	180.00	0.100	0.150	0.200
材料	水	—	m³	5.82	0.150	0.300	0.500
	其他材料费	—	元	1.00	0.020	0.030	0.060
机械	高压水清洗车	6m³	台班	2000.00	0.010	0.015	0.025
	吸污车	8～10m³	台班	2000.00	0.010	0.015	0.025
	其他机具费	—	元	1.00	0.270	0.410	0.540

1.1.3 超高压水清洗

超高压水清洗是指人不进入管道内，仅使用超高压水（水射流出口压力≥1000bar），由超高压清洗机具对管壁进行的清洗。

管壁清洗质量标准：清洗后应符合现行国家标准《涂覆涂料前钢材表面处理 表面清洁度的目视评定 第4部分：与高压水喷射处理有关的初始表面状态、处理等级和闪锈等级》GB 8923.4中的Wa2级要求，即管壁表面无可见的油、脂和污物以及大部分的铁锈、原始涂层和其他外来杂质。

超高压水清洗的消耗量计价标准见表1-6～表1-9。

1.1.3.1 DN100～DN300

超高压水清洗消耗量计价标准（DN100～DN300）

表1-6

项目名称					超高压水清洗		
计量单位					m		
定额编号					1-3-1	1-3-2	1-3-3
管道直径					DN100	DN200	DN300
基价（元）					755.28	801.60	873.97
其中	人工费（元）				90.00	90.00	113.40
	材料费（元）				224.50	240.82	259.44
	机械费（元）				440.78	470.78	501.13
类别	名称	规格	单位	单价（元）	消耗量		
人工	人工	—	工日	180.00	0.500	0.500	0.630
材料	地锚	—	个	120.00	0.330	0.330	0.330
	导绳轮	—	个	500.00	0.150	0.150	0.150
	地面导向轮	—	个	750.00	0.018	0.018	0.018

类别	名称	规格	单位	单价(元)	消耗量		
材料	管口导向轮	DN100	个	100.00	0.100	0.000	0.000
		DN200	个	200.00	0.000	0.100	0.000
		DN300	个	300.00	0.000	0.000	0.100
	耐超高压管	1-1/2″	m	85.00	0.200	0.200	0.250
	不锈钢导向球笼	DN100	个	1500.00	0.020	0.000	0.000
		DN200	个	1800.00	0.000	0.020	0.000
		DN300	个	2000.00	0.000	0.000	0.020
	超高压喷嘴	—	个	350.00	0.100	0.100	0.100
	其他材料费	—	元	1.00	4.400	4.720	5.090
机械	超高压清洗车	—	台班	8000.00	0.027	0.030	0.033
	吸污车	8～10m³	台班	2000.00	0.027	0.030	0.033
	污水泵	φ100	台班	500.00	0.063	0.063	0.063
	载重汽车	5t	台班	436.97	0.060	0.060	0.060
	柴油发电机	15kW	台班	300.00	0.035	0.035	0.035
		50kW	台班	950.00	0.050	0.050	0.050
	电动卷扬机	30kN	台班	350.20	0.150	0.150	0.150
	电焊机	20kW	台班	147.60	0.008	0.008	0.008
	其他机具费	—	元	1.00	1.350	1.350	1.700

1.1.3.2 DN400～DN600

超高压水清洗消耗量计价标准（DN400～DN600）　　表1-7

项目名称					超高压水清洗		
计量单位					m		
定额编号					1-3-4	1-3-5	1-3-6
管道直径					DN400	DN500	DN600
基价(元)					924.37	984.77	1144.85
其中	人工费(元)				113.40	113.40	171.00
	材料费(元)				279.84	300.24	348.89
	机械费(元)				531.13	571.13	624.96
类别	名称	规格	单位	单价(元)	消耗量		
人工	人工	—	工日	180.00	0.630	0.630	0.950
材料	地锚	—	个	120.00	0.330	0.330	0.330
	导绳轮	—	个	500.00	0.150	0.150	0.150
	地面导向轮	—	个	750.00	0.018	0.018	0.018
	管口导向轮	DN400	个	400.00	0.100	0.000	0.000
		DN500	个	500.00	0.000	0.100	0.000
		DN600	个	600.00	0.000	0.000	0.100
	耐超高压管	1-1/2″	m	85.00	0.250	0.250	0.370
	不锈钢导向球笼	DN400	个	2500.00	0.020	0.000	0.000
		DN500	个	3000.00	0.000	0.020	0.000
		DN600	个	3500.00	0.000	0.000	0.020

类别	名称	规格	单位	单价(元)	消耗量		
材料	超高压喷嘴	—	个	350.00	0.100	0.100	0.150
	其他材料费	—	元	1.00	5.490	5.890	6.840
机械	超高压清洗车	—	台班	8000.00	0.036	0.040	0.044
	吸污车	8～10m³	台班	2000.00	0.036	0.040	0.044
	污水泵	φ100	台班	500.00	0.063	0.063	0.063
	载重汽车	5t	台班	436.97	0.060	0.060	0.060
	柴油发电机	15kW	台班	300.00	0.035	0.035	0.035
		50kW	台班	950.00	0.050	0.050	0.050
	电动卷扬机	30kN	台班	350.20	0.150	0.150	0.187
	电焊机	20kW	台班	147.60	0.008	0.008	0.008
	其他机具费	—	元	1.00	1.700	1.700	2.570

1.1.3.3 DN700～DN900

超高压水清洗消耗量计价标准（DN700～DN900）　　　表 1-8

项目名称					超高压水清洗		
计量单位					m		
定额编号					1-3-7	1-3-8	1-3-9
管道直径					DN700	DN800	DN900
基价(元)					1205.25	1275.65	1482.75
其中	人工费(元)				171.00	171.00	256.50
	材料费(元)				369.29	389.69	443.55
	机械费(元)				664.96	714.96	782.70
类别	名称	规格	单位	单价(元)	消耗量		
人工	人工	—	工日	180.00	0.950	0.950	1.425
材料	地锚	—	个	120.00	0.330	0.330	0.330
	导绳轮	—	个	500.00	0.150	0.150	0.150
	地面导向轮	—	个	750.00	0.018	0.018	0.018
	管口导向轮	DN700	个	700.00	0.100	0.000	0.000
		DN800	个	800.00	0.000	0.100	0.000
		DN900	个	900.00	0.000	0.000	0.100
	耐超高压管	1-1/2″	m	85.00	0.370	0.370	0.550
	不锈钢导向球笼	DN700	个	4000.00	0.020	0.000	0.000
		DN800	个	4500.00	0.000	0.020	0.000
		DN900	个	5000.00	0.000	0.000	0.020
	超高压喷嘴	—	个	350.00	0.150	0.150	0.200
	其他材料费	—	元	1.00	7.240	7.640	8.700
机械	超高压清洗车	—	台班	8000.00	0.048	0.053	0.058
	吸污车	8～10m³	台班	2000.00	0.048	0.053	0.058
	污水泵	φ100	台班	500.00	0.063	0.063	0.063
	载重汽车	5t	台班	436.97	0.060	0.060	0.060

类别	名称	规格	单位	单价（元）	消耗量		
机械	柴油发电机	15kW	台班	300.00	0.035	0.035	0.035
		50kW	台班	950.00	0.050	0.050	0.050
	电动卷扬机	30kN	台班	350.20	0.187	0.187	0.234
	电焊机	20kW	台班	147.60	0.008	0.008	0.008
	其他机具费	—	元	1.00	2.570	2.570	3.850

1.1.3.4 DN1000～DN1200

超高压水清洗消耗量计价标准（DN1000～DN1200）　　　　　表 1-9

项目名称					超高压水清洗		
计量单位					m		
定额编号					1-3-10	1-3-11	1-3-12
管道直径					DN1000	DN1100	DN1200
基价（元）					1563.15	1648.45	1733.75
其中	人工费（元）				256.50	256.50	256.50
	材料费（元）				463.95	479.25	494.55
	机械费（元）				842.70	912.70	982.70
类别	名称	规格	单位	单价（元）	消耗量		
人工	人工	—	工日	180.00	1.425	1.425	1.425
材料	地锚	—	个	120.00	0.330	0.330	0.330
	导绳轮	—	个	500.00	0.150	0.150	0.150
	地面导向轮	—	个	750.00	0.018	0.018	0.018
	管口导向轮	DN1000	个	1000.00	0.100	0.000	0.000
		DN1100	个	1100.00	0.000	0.100	0.000
		DN1200	个	1200.00	0.000	0.000	0.100
	耐超高压管	1-1/2″	m	85.00	0.550	0.550	0.550
	不锈钢导向球笼	DN1000	个	5500.00	0.020	0.000	0.000
		DN1100	个	5750.00	0.000	0.020	0.000
		DN1200	个	6000.00	0.000	0.000	0.020
	超高压喷嘴	—	个	350.00	0.200	0.200	0.200
	其他材料费	—	元	1.00	9.100	9.400	9.700
机械	超高压清洗车	—	台班	8000.00	0.064	0.071	0.078
	吸污车	8～10m³	台班	2000.00	0.064	0.071	0.078
	污水泵	φ100	台班	500.00	0.063	0.063	0.063
	载重汽车	5t	台班	436.97	0.060	0.060	0.060
	柴油发电机	15kW	台班	300.00	0.035	0.035	0.035
		50kW	台班	950.00	0.050	0.050	0.050
	电动卷扬机	30kN	台班	350.20	0.234	0.234	0.234
	电焊机	20kW	台班	147.60	0.008	0.008	0.008
	其他机具费	—	元	1.00	3.850	3.850	3.850

1.1.4 喷砂处理

一些金属管道修复前需要对管道基层进行喷砂处理，如喷涂法修复等工艺。

工作内容包括：（1）人不进入管道，利用喷砂机械进入管道内喷砂除锈（工作时管道为封闭状态）；（2）负压抽吸车清除管内磨料、成品保护，并清理现场；（3）清洗保养机具。

喷砂处理后的效果应达到《涂装前钢材表面锈蚀等级和除锈等级》GB 8923—88 中的 Sa2.5 级，即 100％金属光泽。

管道喷砂处理的消耗量计价标准见表 1-10～表 1-13。

1.1.4.1 DN100～DN300

管道喷砂处理消耗量计价标准（DN100～DN300） 表 1-10

项目名称					管道喷砂处理		
计量单位					m		
定额编号					1-4-1	1-4-2	1-4-3
管道直径					DN100	DN200	DN300
基价（元）					1022.49	1076.69	1186.91
其中	人工费（元）				108.00	117.00	136.08
	材料费（元）				323.24	339.30	360.15
	机械费（元）				591.25	620.39	690.68
类别	名称	规格	单位	单价（元）	消耗量		
人工	人工	—	工日	180.00	0.600	0.650	0.756
材料	地锚	—	个	120.00	0.330	0.330	0.330
	导绳轮	—	个	500.00	0.150	0.150	0.150
	地面导向轮	—	个	750.00	0.120	0.120	0.120
	高压喷砂管	1-1/2″	m	485.00	0.030	0.030	0.034
	金刚砂	—	kg	3.50	6.500	8.000	10.000
	不锈钢抽吸接口	DN100	个	300.00	0.100	0.000	0.000
		DN200	个	300.00	0.000	0.100	0.000
		DN300	个	300.00	0.000	0.000	0.100
	不锈钢导向球笼	DN100	个	1500.00	0.020	0.000	0.000
		DN200	个	1800.00	0.000	0.020	0.000
		DN300	个	2000.00	0.000	0.000	0.020
	旋转喷砂器	—	个	1500.00	0.010	0.013	0.018
	其他材料费	—	元	1.00	6.340	6.650	7.060
机械	喷砂车	—	台班	10000.00	0.028	0.030	0.033
	高负压抽吸车	11m³/s	台班	4500.00	0.028	0.030	0.033
	汽车起重机	12t	台班	800.00	0.050	0.050	0.050
	载重汽车	5t	台班	436.97	0.030	0.030	0.030
		12t	台班	900.00	0.030	0.030	0.030
	柴油发电机	30kW	台班	650.00	0.050	0.050	0.050
		90kW	台班	1800.00	0.020	0.020	0.025
	电动卷扬机	30kN	台班	350.20	0.100	0.100	0.150
	其他机具费	—	元	1.00	1.620	1.760	2.040

1. 1. 4. 2 DN400～DN600

管道喷砂处理消耗量计价标准（DN400～DN600）　　　表 1-11

类别	名称	规格	单位	单价(元)	消耗量		
	项目名称				管道喷砂处理		
	计量单位				m		
	定额编号				1-4-4	1-4-5	1-4-6
	管道直径				DN400	DN500	DN600
	基价(元)				1250.81	1446.21	1664.26
其中	人工费(元)				136.08	136.08	204.12
	材料费(元)				380.55	400.95	448.38
	机械费(元)				734.18	909.18	1011.76
人工	人工	—	工日	180.00	0.756	0.756	1.134
材料	地锚	—	个	120.00	0.330	0.330	0.330
	导绳轮	—	个	500.00	0.150	0.150	0.150
	地面导向轮	—	个	750.00	0.120	0.120	0.120
	高压喷砂管	1-1/2″	m	485.00	0.034	0.034	0.051
	金刚砂	—	kg	3.50	10.000	10.000	13.500
	不锈钢抽吸接口	DN400	个	400.00	0.100	0.000	0.000
		DN500	个	500.00	0.000	0.100	0.000
		DN600	个	600.00	0.000	0.000	0.100
	不锈钢导向球笼	DN400	个	2500.00	0.020	0.000	0.000
		DN500	个	3000.00	0.000	0.020	0.000
		DN600	个	3500.00	0.000	0.000	0.020
	旋转喷砂器	—	个	1500.00	0.018	0.018	0.022
	其他材料费	—	元	1.00	7.460	7.860	8.790
机械	喷砂车	—	台班	10000.00	0.036	0.040	0.044
	高负压抽吸车	11m³/s	台班	4500.00	0.036	0.066	0.072
	汽车起重机	12t	台班	800.00	0.050	0.050	0.050
	载重汽车	5t	台班	436.97	0.030	0.030	0.030
		12t	台班	900.00	0.030	0.030	0.030
	柴油发电机	30kW	台班	650.00	0.050	0.050	0.050
		90kW	台班	1800.00	0.025	0.025	0.037
	电动卷扬机	30kN	台班	350.20	0.150	0.150	0.187
	其他机具费	—	元	1.00	2.040	2.040	3.060

1. 1. 4. 3 DN700～DN900

管道喷砂处理消耗量计价标准（DN700～DN900）　　　表 1-12

	项目名称	管道喷砂处理		
	计量单位	m		
	定额编号	1-4-7	1-4-8	1-4-9
	管道直径	DN700	DN800	DN900
	基价(元)	1760.66	1867.06	2154.86
其中	人工费(元)	204.12	204.12	306.18
	材料费(元)	468.78	489.18	536.73
	机械费(元)	1087.76	1173.76	1311.95

9

类别	名称	规格	单位	单价(元)	消耗量		
人工	人工	—	工日	180.00	1.134	1.134	1.701
材料	地锚	—	个	120.00	0.330	0.330	0.330
	导绳轮	—	个	500.00	0.150	0.150	0.150
	地面导向轮	—	个	750.00	0.120	0.120	0.120
	高压喷砂管	1-1/2″	m	485.00	0.051	0.051	0.077
	金刚砂	—	kg	3.50	13.500	13.500	15.000
	不锈钢抽吸接口	DN700	个	700.00	0.100	0.000	0.000
		DN800	个	800.00	0.000	0.100	0.000
		DN900	个	900.00	0.000	0.000	0.100
	不锈钢导向球笼	DN700	个	4000.00	0.020	0.000	0.000
		DN800	个	4500.00	0.000	0.020	0.000
		DN900	个	5000.00	0.000	0.000	0.020
	旋转喷砂器	—	个	1500.00	0.022	0.022	0.028
	其他材料费	—	元	1.00	9.190	9.590	10.520
机械	喷砂车	—	台班	10000.00	0.048	0.053	0.058
	高负压抽吸车	11m³/s	台班	4500.00	0.080	0.088	0.096
	汽车起重机	12t	台班	800.00	0.050	0.050	0.050
	载重汽车	5t	台班	436.97	0.030	0.030	0.030
		12t	台班	900.00	0.030	0.030	0.030
	柴油发电机	30kW	台班	650.00	0.050	0.050	0.050
		90kW	台班	1800.00	0.037	0.037	0.056
	电动卷扬机	30kN	台班	350.20	0.187	0.187	0.234
	其他机具费	—	元	1.00	3.060	3.060	4.590

1.1.4.4 DN1000～DN1200

管道喷砂处理消耗量计价标准（DN1000～DN1200）　　　　表1-13

项目名称					管道喷砂处理		
计量单位					m		
定额编号					1-4-10	1-4-11	1-4-12
管道直径					DN1000	DN1100	DN1200
基价(元)					2280.26	2383.56	2495.86
其中	人工费(元)				306.18	306.18	306.18
	材料费(元)				557.13	572.43	587.73
	机械费(元)				1416.95	1504.95	1601.95

类别	名称	规格	单位	单价(元)	消耗量		
人工	人工	—	工日	180.00	1.701	1.701	1.701
材料	地锚	—	个	120.00	0.330	0.330	0.330
	导绳轮	—	个	500.00	0.150	0.150	0.150
	地面导向轮	—	个	750.00	0.120	0.120	0.120
	高压喷砂管	1-1/2″	m	485.00	0.077	0.077	0.077
	金刚砂	—	kg	3.50	15.000	15.000	15.000

类别	名称	规格	单位	单价(元)	消耗量		
材料	不锈钢抽吸接口	DN1000	个	1000.00	0.100	0.000	0.000
		DN1100	个	1100.00	0.000	0.100	0.000
		DN1200	个	1200.00	0.000	0.000	0.100
	不锈钢导向球笼	DN1000	个	5500.00	0.020	0.000	0.000
		DN1100	个	5750.00	0.000	0.020	0.000
		DN1200	个	6000.00	0.000	0.000	0.020
	旋转喷砂器	—	个	1500.00	0.028	0.028	0.028
	其他材料费	—	元	1.00	10.920	11.220	11.520
机械	喷砂车	—	台班	10000.00	0.064	0.071	0.078
	高负压抽吸车	11m³/s	台班	4500.00	0.106	0.110	0.116
	汽车起重机	12t	台班	800.00	0.050	0.050	0.050
	载重汽车	5t	台班	436.97	0.030	0.030	0.030
		12t	台班	900.00	0.030	0.030	0.030
	柴油发电机	30kW	台班	650.00	0.050	0.050	0.050
		90kW	台班	1800.00	0.056	0.056	0.056
	电动卷扬机	30kN	台班	350.20	0.234	0.234	0.234
	其他机具费	—	元	1.00	4.590	4.590	4.590

1.1.5 机械清管

机械清管是指利用弹片清管器、钢丝清管器、聚氨酯清管器对管道内部表面锈垢进行的清除工作。主要用于钢质管道的内部处理。

机械清管作业的消耗量计价标准见表1-14～表1-17。

1.1.5.1 DN100～DN300

机械清管作业消耗量计价标准（DN100～DN300）　　表1-14

项目名称					机械清管		
计量单位					m		
定额编号					1-5-1	1-5-2	1-5-3
管道直径					DN100	DN200	DN300
基价(元)					272.99	310.22	358.36
其中	人工费(元)				93.60	93.60	93.60
	材料费(元)				78.54	115.77	163.91
	机械费(元)				100.85	100.85	100.85
类别	名称	规格	单位	单价(元)	消耗量		
人工	人工	—	工日	180.00	0.520	0.520	0.520
材料	地锚	—	个	120.00	0.030	0.030	0.030
	导绳轮	—	个	500.00	0.020	0.020	0.020
	管口导向轮	DN100	个	100.00	0.100	0.000	0.000
		DN200	个	200.00	0.000	0.100	0.000
		DN300	个	300.00	0.000	0.000	0.100

类别	名称	规格	单位	单价(元)	消耗量		
材料	地面导向轮	—	个	750.00	0.010	0.010	0.010
	滑轮	5t	个	420.00	0.020	0.020	0.020
	弹片清管器	DN100	个	1000.00	0.020	0.000	0.000
		DN200	个	2000.00	0.000	0.020	0.000
		DN300	个	3000.00	0.000	0.000	0.020
	钢丝清管器	DN100	个	900.00	0.010	0.000	0.000
		DN200	个	1200.00	0.000	0.010	0.000
		DN300	个	2050.00	0.000	0.000	0.010
	聚氨酯清管器	DN100	个	850.00	0.010	0.000	0.000
		DN200	个	1200.00	0.000	0.010	0.000
		DN300	个	2070.00	0.000	0.000	0.010
	其他材料费	—	元	1.00	1.540	2.270	3.210
机械	柴油发电机	50kW	台班	950.00	0.030	0.030	0.030
	电动卷扬机	50kN	台班	450.00	0.060	0.060	0.060
	汽车起重机	16t	台班	1200.00	0.020	0.020	0.020
	载重汽车	10t	台班	850.00	0.020	0.020	0.020
	交流电焊机	20kV·A	台班	147.60	0.020	0.020	0.020
	其他机具费	—	元	1.00	1.400	1.400	1.400

1.1.5.2 DN400～DN600

机械清管作业消耗量计价标准（DN400～DN600）　　　　表 1-15

项目名称					机械清管		
计量单位					m		
定额编号					1-5-4	1-5-5	1-5-6
管道直径					DN400	DN500	DN600
基价(元)					409.47	469.86	537.68
其中	人工费(元)				93.60	93.60	93.60
	材料费(元)				215.02	275.40	343.23
	机械费(元)				100.85	100.85	100.85
类别	名称	规格	单位	单价(元)	消耗量		
人工	人工	—	工日	180.00	0.520	0.520	0.520
材料	地锚	—	个	120.00	0.030	0.030	0.030
	导绳轮	—	个	500.00	0.020	0.020	0.020
	管口导向轮	DN400	个	400.00	0.100	0.000	0.000
		DN500	个	500.00	0.000	0.100	0.000
		DN600	个	600.00	0.000	0.000	0.100
	地面导向轮	—	个	750.00	0.010	0.010	0.010
	滑轮	5t	个	420.00	0.020	0.020	0.020
	弹片清管器	DN400	个	4000.00	0.020	0.000	0.000
		DN500	个	5000.00	0.000	0.020	0.000
		DN600	个	6000.00	0.000	0.000	0.020

类别	名称	规格	单位	单价(元)	消耗量		
材料	钢丝清管器	DN400	个	3200.00	0.010	0.000	0.000
		DN500	个	4700.00	0.000	0.010	0.000
		DN600	个	6500.00	0.000	0.000	0.010
	聚氨酯清管器	DN400	个	2930.00	0.010	0.000	0.000
		DN500	个	4350.00	0.000	0.010	0.000
		DN600	个	6200.00	0.000	0.000	0.010
	其他材料费	—	元	1.00	4.220	5.400	6.730
机械	柴油发电机	50kW	台班	950.00	0.030	0.030	0.030
	电动卷扬机	50kN	台班	450.00	0.060	0.060	0.060
	汽车起重机	16t	台班	1200.00	0.020	0.020	0.020
	载重汽车	10t	台班	850.00	0.020	0.020	0.020
	交流电焊机	20kV·A	台班	147.60	0.020	0.020	0.020
	其他机具费	—	元	1.00	1.400	1.400	1.400

1.1.5.3 DN700～DN900

机械清管作业消耗量计价标准（DN700～DN900） 表 1-16

项目名称					机械清管		
计量单位					m		
定额编号					1-5-7	1-5-8	1-5-9
管道直径					DN700	DN800	DN900
基价(元)					623.36	849.42	958.56
其中	人工费(元)				93.60	167.40	167.40
	材料费(元)				428.91	569.06	678.20
	机械费(元)				100.85	112.96	112.96
类别	名称	规格	单位	单价(元)	消耗量		
人工	人工	—	工日	180.00	0.520	0.930	0.930
材料	地锚	—	个	120.00	0.030	0.030	0.030
	导绳轮	—	个	500.00	0.020	0.020	0.020
	管口导向轮	DN700	个	700.00	0.100	0.000	0.000
		DN800	个	800.00	0.000	0.100	0.000
		DN900	个	900.00	0.000	0.000	0.100
	地面导向轮	—	个	750.00	0.010	0.010	0.010
	滑轮	5t	个	420.00	0.020	0.000	0.000
		10t	个	840.00	0.000	0.020	0.020
	弹片清管器	DN700	个	7000.00	0.020	0.000	0.000
		DN800	个	8000.00	0.000	0.020	0.000
		DN900	个	9000.00	0.000	0.000	0.020
	钢丝清管器	DN700	个	9300.00	0.010	0.000	0.000
		DN800	个	14700.00	0.000	0.010	0.000
		DN900	个	19000.00	0.000	0.000	0.010

类别	名称	规格	单位	单价(元)	消耗量		
材料	聚氨酯清管器	DN700	个	8800.00	0.010	0.000	0.000
		DN800	个	13300.00	0.000	0.010	0.000
		DN900	个	16700.00	0.000	0.000	0.010
	其他材料费	—	元	1.00	8.410	11.160	13.300
机械	柴油发电机	50kW	台班	950.00	0.030	0.030	0.030
	电动卷扬机	50kN	台班	450.00	0.060	0.060	0.060
	汽车起重机	16t	台班	1200.00	0.020	0.000	0.000
		25t	台班	1500.00	0.000	0.020	0.020
	载重汽车	10t	台班	850.00	0.020	0.000	0.000
		20t	台班	1100.00	0.000	0.020	0.020
	交流电焊机	20kV·A	台班	147.60	0.020	0.020	0.020
	其他机具费	—	元	1.00	1.400	2.510	2.510

1.1.5.4　DN1000~DN1400

机械清管作业消耗量计价标准(DN1000~DN1400)　　　　表 1-17

项目名称					机械清管		
计量单位					m		
定额编号					1-5-10	1-5-11	1-5-12
管道直径					DN1000	DN1200	DN1400
基价(元)					1095.24	1339.02	1600.14
其中	人工费(元)				167.40	167.40	167.40
	材料费(元)				814.88	1058.66	1319.78
	机械费(元)				112.96	112.96	112.96
类别	名称	规格	单位	单价(元)	消耗量		
人工	人工	—	工日	180.00	0.930	0.930	0.930
材料	地锚	—	个	120.00	0.030	0.030	0.030
	导绳轮	—	个	500.00	0.020	0.020	0.020
	管口导向轮	DN1000	个	1000.00	0.100	0.000	0.000
		DN1200	个	1200.00	0.000	0.100	0.000
		DN1400	个	1400.00	0.000	0.000	0.100
	地面导向轮	—	个	750.00	0.010	0.010	0.010
	滑轮	5t	个	420.00	0.000	0.000	0.000
		10t	个	840.00	0.020	0.020	0.020
	弹片清管器	DN1000	个	10000.00	0.020	0.000	0.000
		DN1200	个	12000.00	0.000	0.020	0.000
		DN1400	个	14000.00	0.000	0.000	0.020
	钢丝清管器	DN1000	个	24000.00	0.010	0.000	0.000
		DN1200	个	32000.00	0.000	0.010	0.000
		DN1400	个	44600.00	0.000	0.000	0.010
	聚氨酯清管器	DN1000	个	22100.00	0.010	0.000	0.000
		DN1200	个	32000.00	0.000	0.010	0.000
		DN1400	个	39000.00	0.000	0.000	0.010
	其他材料费	—	元	1.00	15.980	20.760	25.880

类别	名称	规格	单位	单价(元)	消耗量		
机械	柴油发电机	50kW	台班	950.00	0.030	0.030	0.030
	电动卷扬机	50kN	台班	450.00	0.060	0.060	0.060
	汽车起重机	25t	台班	1500.00	0.020	0.020	0.020
	载重汽车	20t	台班	1100.00	0.020	0.020	0.020
	交流电焊机	20kV·A	台班	147.60	0.020	0.020	0.020
	其他机具费	—	元	1.00	2.510	2.510	2.510

1.2 管道烘干

工作内容包括：对待修复管道内壁烘干加热，去除管壁内部明显水渍。

管道预处理后管内壁表面的烘干处理消耗量计价标准见表1-18。

管道烘干处理消耗量计价标准　　　　表 1-18

项目名称					管道烘干	
计量单位					m	
定额编号					1-6-1	1-6-2
管径直径					DN800 以下	DN800 及以上
基价(元)					29.29	49.44
其中	人工费(元)				12.60	16.20
	机械费(元)				16.69	33.24
类别	名称	规格	单位	单价(元)	消耗量	
人工	人工	—	工日	180.00	0.070	0.090
机械	柴油发电机	50kW	台班	950.00	0.010	0.020
	柴油暖风机	100kW	台班	600.00	0.010	0.020
	轴流风机	7.5kW	台班	100.00	0.010	0.020
	其他机具费	—	元	1.00	0.190	0.240

1.3 管道封堵与拆除

管道封堵与拆除工作包括气囊管堵安装、气囊管堵拆除。

1.3.1 气囊管堵安装

工作内容包括：启闭井盖，有毒气体测试，强制通风，清理管口淤泥，塞管塞，管塞充气。

气囊管堵安装的消耗量计价标准见表1-19。

气囊管堵安装消耗量计价标准　　　　表 1-19

项目名称	气囊管堵安装		
计量单位	只		
定额编号	1-7-1	1-7-2	1-7-3
管道直径	DN300～DN500	DN600～DN800	DN900～DN1200

				基价(元)		954.99	1613.83	2528.69
其中			人工费(元)			225.00	236.88	249.48
			材料费(元)			510.00	1147.50	2040.00
			机械费(元)			219.99	229.45	239.21
类别	名称	规格	单位	单价(元)		消耗量		
人工	人工	—	工日	180.00		1.250	1.316	1.386
材料	充气管堵	DN300~DN500	只	2000.00		0.250	0.000	0.000
		DN600~DN800	只	4500.00		0.000	0.250	0.000
		DN900~DN1200	只	8000.00		0.000	0.000	0.250
	其他材料费	—	元	1.00		10.000	22.500	40.000
机械	长管式呼吸器	—	台班	106.39		0.040	0.042	0.044
	柴油发电机	15kW	台班	300.00		0.010	0.020	0.030
	载重汽车	2t	台班	291.91		0.208	0.219	0.231
	气体检测仪	—	台班	80.00		0.250	0.250	0.250
	轴流风机	7.5kW	台班	100.00		0.450	0.460	0.470
	空气压缩机	0.6m³/min	台班	35.87		0.450	0.460	0.470
	污水泵	φ100	台班	150.00		0.450	0.460	0.470
	其他机具费	—	元	1.00		3.380	3.550	3.740

1.3.2 气囊管堵拆除

工作内容包括：启闭井盖，有毒气体测试，强制通风，管塞放气，下井拆除管塞，清理场地等。

气囊管堵拆除的消耗量计价标准见表1-20。

气囊管堵拆除消耗量计价标准　　　　　表1-20

项目名称					气囊管堵拆除		
计量单位					只		
定额编号					1-8-1	1-8-2	1-8-3
管道直径					DN300~DN500	DN600~DN800	DN900~DN1200
基价(元)					407.92	428.02	448.86
其中	人工费(元)				225.00	236.88	249.48
	材料费(元)				0.00	0.00	0.00
	机械费(元)				182.92	191.14	199.38
类别	名称	规格	单位	单价(元)	消耗量		
人工	人工	—	工日	180.00	1.250	1.316	1.386
机械	载重汽车	2t	台班	291.91	0.150	0.158	0.166
	气体检测仪	—	台班	80.00	0.200	0.200	0.200
	轴流风机	7.5kW	台班	100.00	0.450	0.460	0.470
	长管式呼吸器	—	台班	106.39	0.040	0.042	0.044
	污水泵	φ100	台班	150.00	0.450	0.460	0.470
	柴油发电机	15kW	台班	300.00	0.010	0.020	0.030
	其他机具费	—	元	1.00	3.380	3.550	3.740

2 管 道 检 测

说明：本章中的管道检测是指不作任何处理就能直接进行的检测，不包括清洗、疏通、堵水、调水、淤泥外运等辅助工作的费用，发生时另行计算。

本章中的检测专指 CCTV 检测。

CCTV 检测又称电视检测，是指在管道内通过录像来识别管道缺陷的方法。

工作内容包括：设备安装拆卸、CCTV 检测、数据分析、提交检测报告。

CCTV 检测的消耗量计价标准见表 2-1。

CCTV 检测消耗量计价标准　　　　　　　　　　　　　　　表 2-1

项目名称					CCTV 检测
计量单位					m
定额编号					2-1
管道直径					DN300 及以上
基价(元)					22.84
其中	人工费(元)				3.60
	材料费(元)				0.00
	机械费(元)				19.24
类别	名称	规格	单位	单价(元)	消耗量
人工	人工	—	工日	180.00	0.020
机械	CCTV 检测设备	—	台班	1500.00	0.010
	柴油发电机	5kW	台班	127.35	0.010
	载重汽车	2t	台班	291.91	0.010
	其他机具费	—	元	1.00	0.050

3 管 道 修 复

管道修复定额项目包括连穿插软管内衬法、现场折叠内衬法、热塑成型内衬法、CIPP 热水固化法、CIPP 蒸汽固化法、CIPP 紫外光固化法、CIPP 常温固化法、叠层原位固化法、不锈钢内衬法、聚氨酯涂料喷涂法、编织纤维增强复合材料（FRP）加固法、管片内衬法、垫衬法、螺旋缠绕内衬法。

3.1 穿插软管内衬法

穿插软管内衬法是指使用纤维增强的塑料软管，以折叠形式的断面直接穿入到原管道中。纤维材质可分为对位芳纶（以下简称"芳纶"）和涤纶两种，可适用于不同的工作压力。在软管插入原管道后，通常需要以水压、气压等方式进行截面复圆。

工作内容包括：设备安装和拆卸、端口安装导入保护装置（导滑口）、原有管道机械清洗预处理、CCTV 内窥检查、软管折叠、牵引头安装、牵拉、加注压缩空气、内衬管复圆、CCTV 检测修复效果、端部切割、端口安装专用接头等。

3.1.1 穿插芳纶纤维增强复合软管

穿插芳纶纤维增强复合软管内衬法修复的消耗量计价标准见表 3-1～表 3-4。

3.1.1.1 DN150～DN250

穿插芳纶纤维增强复合软管内衬法修复消耗量计价标准（DN150～DN250） 表 3-1

项目名称					穿插芳纶纤维增强复合软管内衬法修复		
计量单位					m		
定额编号					3-1-1	3-1-2	3-1-3
管道直径					DN150	DN200	DN250
基价(元)					3696.70	4445.23	5397.32
其中	人工费(元)				158.04	165.96	174.24
	材料费(元)				2879.46	3518.11	4353.06
	机械费(元)				659.20	761.16	870.02
类别	名称	规格	单位	单价(元)	消耗量		
人工	人工	—	工日	180.00	0.878	0.922	0.968
材料	芳纶纤维增强复合软管	DN150	m	1908.05	1.080	0.000	0.000
		DN200	m	2377.66	0.000	1.080	0.000
		DN250	m	2895.93	0.000	0.000	1.080
	芳纶软管专用接头	DN150	只	18208.86	0.016	0.000	0.000
		DN200	只	22978.99	0.000	0.016	0.000
		DN250	只	29773.53	0.000	0.000	0.016
	芳纶软管转换接头	DN100	只	2533.50	0.018	0.000	0.000
		DN200	只	2974.50	0.000	0.018	0.000
		DN250	只	3568.50	0.000	0.000	0.018
	软管卷筒	—	只	7924.80	0.008	0.010	0.011

类别	名称	规格	单位	单价(元)	消耗量		
材料	芳纶软管穿插导向轮	DN150	只	7703.80	0.016	0.000	0.000
		DN200	只	7814.30	0.000	0.016	0.000
		DN250	只	8804.90	0.000	0.000	0.016
	芳纶软管穿插牵引头	DN150	只	10904.60	0.008	0.000	0.000
		DN200	只	13038.20	0.000	0.008	0.000
		DN250	只	27497.40	0.000	0.000	0.008
	充气气囊	DN150	只	9466.60	0.016	0.000	0.000
		DN200	只	9466.60	0.000	0.016	0.000
		DN250	只	9466.60	0.000	0.000	0.016
	其他材料费	—	元	1.00	56.460	68.980	85.350
机械	穿绳机	—	台班	136.92	0.037	0.043	0.049
	芳纶软管端部连接设备	—	台班	3000.00	0.073	0.084	0.097
	长管式呼吸器	—	台班	109.61	0.073	0.077	0.080
	CCTV检测设备	—	台班	1500.00	0.037	0.043	0.049
	污水泵	—	台班	150.00	0.066	0.076	0.087
	液压牵引车	20kN	台班	1795.98	0.050	0.058	0.066
		50kN	台班	2141.24	0.050	0.058	0.066
	空压机	6m³/min	台班	241.13	0.050	0.058	0.066
	汽车起重机	10t	台班	780.83	0.037	0.043	0.049
	汽油发电机组	5kW	台班	127.35	0.066	0.076	0.087
	柴油发电机	30kW	台班	350.86	0.050	0.058	0.066
		50kW	台班	950.00	0.050	0.058	0.066
	载重汽车	2t	台班	291.91	0.066	0.076	0.087
		5t	台班	436.97	0.066	0.076	0.087
	其他机具费	—	元	1.00	2.370	2.490	2.610

3.1.1.2 DN300～DN500

穿插芳纶纤维增强复合软管内衬法修复消耗量计价标准（DN300～DN500）　　表3-2

项目名称					穿插芳纶纤维增强复合软管内衬法修复		
计量单位					m		
定额编号					3-1-4	3-1-5	3-1-6
管道直径					DN300	DN400	DN500
基价(元)					6181.98	7885.71	9837.57
其中	人工费(元)				182.88	192.06	201.78
	材料费(元)				4946.67	6484.56	8242.41
	机械费(元)				1052.43	1209.09	1393.38
类别	名称	规格	单位	单价(元)	消耗量		
人工	人工	—	工日	180.00	1.016	1.067	1.121
材料	芳纶纤维增强复合软管	DN300	m	3393.04	1.080	0.000	0.000
		DN400	m	4220.14	0.000	1.080	0.000
		DN500	m	5320.13	0.000	0.000	1.080

19

类别	名称	规格	单位	单价(元)	消耗量		
材料	芳纶软管专用接头	DN300	只	31964.39	0.016	0.000	0.000
		DN400	只	50019.31	0.000	0.016	0.000
		DN500	只	71625.44	0.000	0.000	0.016
	芳纶软管转换接头	DN300	只	3075.60	0.018	0.000	0.000
		DN400	只	7852.00	0.000	0.018	0.000
		DN500	只	11961.00	0.000	0.000	0.018
	软管卷筒	—	只	7924.80	0.008	0.010	0.011
	芳纶软管穿插导向轮	DN300	只	9144.00	0.016	0.000	0.000
		DN400	只	17880.00	0.000	0.016	0.000
		DN500	只	21672.00	0.000	0.000	0.016
	芳纶软管穿插牵引头	DN300	只	20928.00	0.008	0.000	0.000
		DN400	只	31425.60	0.000	0.008	0.000
		DN500	只	37317.90	0.000	0.000	0.008
	充气气囊	DN300	只	15080.00	0.016	0.000	0.000
		DN400	只	15080.00	0.000	0.016	0.000
		DN500	只	15080.00	0.000	0.000	0.016
	其他材料费	—	元	1.00	96.990	127.150	161.620
机械	穿绳机	—	台班	136.92	0.056	0.065	0.074
	芳纶端部连接设备	—	台班	3000.00	0.111	0.128	0.147
	长管式呼吸器		台班	109.61	0.085	0.089	0.093
	CCTV检测设备	—	台班	1500.00	0.056	0.065	0.074
	污水泵		台班	150.00	0.100	0.115	0.133
	液压牵引车	20kN	台班	1795.98	0.076	0.087	0.101
		100kN	台班	2569.49	0.076	0.087	0.101
	空压机	6m³/min	台班	241.13	0.076	0.087	0.101
	汽车起重机	10t	台班	780.83	0.056	0.065	0.074
	汽油发电机组	5kW	台班	127.35	0.100	0.115	0.133
	柴油发电机	50kW	台班	645.48	0.076	0.087	0.101
		100kW	台班	950.00	0.076	0.087	0.101
	载重汽车	2t	台班	291.91	0.100	0.115	0.133
		5t	台班	436.97	0.100	0.115	0.133
	其他机具费	—	元	1.00	2.740	2.880	3.030

3.1.1.3 DN600～DN800

穿插芳纶纤维增强复合软管内衬法修复消耗量计价标准（DN600～DN800）   表 3-3

项目名称	穿插芳纶纤维增强复合软管内衬法修复		
计量单位	m		
定额编号	3-1-7	3-1-8	3-1-9
管道直径	DN600	DN700	DN800
基价(元)	11985.52	13306.75	14820.00

其中	人工费(元)				211.86	222.30	233.46
	材料费(元)				9805.66	10829.06	11994.26
	机械费(元)				1968.00	2255.39	2592.28

类别	名称	规格	单位	单价(元)	消耗量		
人工	人工	—	工日	180.00	1.177	1.235	1.297
材料	芳纶纤维增强复合软管	DN600	m	6747.51	1.080	0.000	0.000
		DN700	m	7442.28	0.000	1.080	0.000
		DN800	m	8163.04	0.000	0.000	1.080
	芳纶软管专用接头	DN600	只	64196.00	0.016	0.000	0.000
		DN700	只	74617.00	0.000	0.016	0.000
		DN800	只	85038.00	0.000	0.000	0.016
	芳纶软管转换接头	DN600	只	11705.00	0.018	0.000	0.000
		DN700	只	13911.10	0.000	0.018	0.000
		DN800	只	16117.20	0.000	0.000	0.018
	软管卷筒	—	只	7924.80	0.020	0.008	0.010
	芳纶软管穿插导向轮	DN600	只	19411.60	0.016	0.000	0.000
		DN700	只	22120.20	0.000	0.016	0.000
		DN800	只	24828.80	0.000	0.000	0.016
	芳纶软管穿插牵引头	DN600	只	40368.60	0.008	0.000	0.000
		DN700	只	46484.20	0.000	0.008	0.000
		DN800	只	52599.80	0.000	0.000	0.008
	充气气囊	DN600	只	18514.20	0.016	0.000	0.000
		DN700	只	21599.90	0.000	0.016	0.000
		DN800	只	24685.60	0.000	0.000	0.016
	其他材料费	—	元	1.00	192.270	212.330	235.180
机械	穿绳机	—	台班	136.92	0.086	0.098	0.113
	芳纶端部连接设备	—	台班	3000.00	0.169	0.194	0.223
	长管式呼吸器		台班	109.61	0.098	0.103	0.108
	CCTV检测设备	—	台班	1500.00	0.086	0.098	0.113
	污水泵		台班	150.00	0.153	0.176	0.202
	液压牵引车	50kN	台班	2141.24	0.116	0.133	0.153
		180kN	台班	3083.39	0.116	0.133	0.153
	空压机	6m³/min	台班	241.13	0.116	0.133	0.153
	汽车起重机	16t	台班	917.21	0.086	0.098	0.113
	汽油发电机组	5kW	台班	127.35	0.153	0.176	0.202
	柴油发电机	50kW	台班	950.00	0.116	0.133	0.153
		100kW	台班	1500.00	0.116	0.133	0.153
	载重汽车	5t	台班	436.97	0.153	0.176	0.202
		25t	台班	1306.54	0.153	0.176	0.202
	其他机具费	—	元	1.00	3.180	3.330	3.500

3.1.1.4 DN900～DN1200

穿插芳纶纤维增强复合软管内衬法修复消耗量计价标准（DN900～DN1200）　　表 3-4

项目名称					穿插芳纶纤维增强复合软管内衬法修复		
计量单位					m		
定额编号					3-1-10	3-1-11	3-1-12
管道直径					DN900	DN1000	DN1200
基价（元）					16726.69	18360.52	22156.89
其中	人工费（元）				245.16	257.40	270.36
	材料费（元）				13483.12	14659.58	17545.12
	机械费（元）				2998.41	3443.54	4341.41
类别	名称	规格	单位	单价（元）	消耗量		
人工	人工	—	工日	180.00	1.362	1.430	1.502
材料	芳纶纤维增强复合软管	DN900	m	9206.96	1.080	0.000	0.000
		DN1000	m	9937.95	0.000	1.080	0.000
		DN1200	m	11905.43	0.000	0.000	1.080
	芳纶软管专用接头	DN900	只	95459.00	0.016	0.000	0.000
		DN1000	只	105880.00	0.000	0.016	0.000
		DN1200	只	126722.00	0.000	0.000	0.016
	芳纶软管转换接头	DN900	只	18323.30	0.018	0.000	0.000
		DN1000	只	20529.40	0.000	0.018	0.000
		DN1200	只	24941.60	0.000	0.000	0.018
	软管卷筒	—	只	7924.80	0.008	0.010	0.011
	芳纶软管穿插导向轮	DN900	只	27537.40	0.016	0.000	0.000
		DN1000	只	30246.00	0.000	0.016	0.000
		DN1200	只	35663.20	0.000	0.000	0.016
	芳纶软管穿插牵引头	DN900	只	58715.40	0.008	0.000	0.000
		DN1000	只	64831.00	0.000	0.008	0.000
		DN1200	只	77062.20	0.000	0.000	0.008
	充气气囊	DN900	只	27771.30	0.016	0.000	0.000
		DN1000	只	30857.00	0.000	0.016	0.000
		DN1200	只	37028.40	0.000	0.000	0.016
	其他材料费	—	元	1.00	264.370	287.440	344.020
机械	穿绳机	—	台班	136.92	0.130	0.150	0.172
	芳纶端部连接设备	—	台班	3000.00	0.257	0.295	0.340
	长管式呼吸器	—	台班	109.61	0.113	0.119	0.125
	CCTV 检测设备	—	台班	1500.00	0.130	0.150	0.172
	污水泵	—	台班	150.00	0.232	0.267	0.307
	液压牵引车	50kN	台班	2141.24	0.176	0.202	0.233
		180kN	台班	3083.39	0.176	0.202	0.000
		250kN	台班	3700.06	0.000	0.000	0.233
	空压机	6m³/min	台班	241.13	0.176	0.202	0.233
	汽车起重机	25t	台班	1050.27	0.130	0.150	0.172

类别	名称	规格	单位	单价(元)	消耗量		
机械	汽油发电机组	5kW	台班	127.35	0.232	0.267	0.307
	柴油发电机	50kW	台班	950.00	0.176	0.202	0.233
		100kW	台班	1500.00	0.176	0.202	0.000
		200kW	台班	2500.00	0.000	0.000	0.233
	载重汽车	5t	台班	436.97	0.232	0.267	0.307
		25t	台班	1306.54	0.232	0.267	0.307
	其他机具费	—	元	1.00	3.680	3.860	4.060

3.1.2 穿插涤纶纤维增强复合软管

穿插涤纶纤维增强复合软管内衬法修复的消耗量计价标准见表3-5～表3-8。

3.1.2.1 DN100～DN300

穿插涤纶纤维增强复合软管内衬法修复消耗量计价标准（DN100～DN300）　　表3-5

项目名称					穿插涤纶纤维增强复合软管内衬法修复		
计量单位					m		
定额编号					3-2-1	3-2-2	3-2-3
管道直径					DN100	DN200	DN300
基价(元)					995.00	1443.29	2025.33
其中	人工费(元)				158.04	165.96	182.88
	材料费(元)				433.04	810.07	1234.21
	机械费(元)				403.92	467.26	608.24
类别	名称	规格	单位	单价(元)	消耗量		
人工	人工	—	工日	180.00	0.878	0.922	1.016
材料	涤纶纤维增强复合软管	DN100	m	285.00	1.080	0.000	0.000
		DN200	m	570.00	0.000	1.080	0.000
		DN300	m	813.75	0.000	0.000	1.080
	涤纶软管专用修复接头	DN100	只	2718.00	0.016	0.000	0.000
		DN200	只	4907.50	0.000	0.016	0.000
		DN300	只	11778.00	0.000	0.000	0.016
	涤纶软管转换接头	DN100	只	1427.21	0.018	0.000	0.000
		DN200	只	1933.43	0.000	0.018	0.000
		DN300	只	2498.93	0.000	0.000	0.018
	涤纶软管穿插导向轮	DN100	只	1540.76	0.016	0.000	0.000
		DN200	只	1953.58	0.000	0.016	0.000
		DN300	只	2476.50	0.000	0.000	0.016
	涤纶软管穿插牵引头	DN100	只	2180.92	0.008	0.000	0.000
		DN200	只	3259.55	0.000	0.008	0.000
		DN300	只	6104.00	0.000	0.000	0.008
	涤纶软管穿插用 PN10法兰盲板	DN100	只	342.03	0.016	0.000	0.000
		DN200	只	495.45	0.000	0.016	0.000
		DN300	只	579.45	0.000	0.000	0.016
	其他材料费	—	元	1.00	8.490	15.880	24.200

类别	名称	规格	单位	单价(元)	消耗量		
机械	电动软管卷筒	—	台班	1000.00	0.037	0.043	0.056
	穿绳机	—	台班	136.92	0.037	0.043	0.056
	涤纶端部连接设备	—	台班	1200.00	0.037	0.043	0.056
	长管式呼吸器	—	台班	109.61	0.073	0.077	0.080
	CCTV检测设备	—	台班	1500.00	0.037	0.043	0.056
	污水泵	—	台班	150.00	0.066	0.076	0.100
	软管折叠机	—	台班	93.56	0.037	0.043	0.056
	电动牵引机	20kN	台班	690.76	0.050	0.058	0.076
		50kN	台班	823.56	0.050	0.058	0.076
	电动空气压缩机	6m³/min	台班	241.13	0.050	0.058	0.076
	汽车起重机	10t	台班	780.83	0.037	0.043	0.056
	汽油发电机组	6kW	台班	127.35	0.066	0.076	0.100
	柴油发电机组	30kW	台班	350.86	0.050	0.058	0.076
		50kW	台班	950.00	0.050	0.058	0.076
	载重汽车	2t	台班	291.91	0.066	0.076	0.100
		5t	台班	436.97	0.066	0.076	0.100
	其他机具费	—	元	1.00	2.370	2.490	2.740

3.1.2.2 DN400～DN600

穿插涤纶纤维增强复合软管内衬法修复消耗量计价标准（DN400～DN600）　　表 3-6

项目名称				穿插涤纶纤维增强复合软管内衬法修复		
计量单位				m		
定额编号				3-2-4	3-2-5	3-2-6
管道直径				DN400	DN500	DN600
基价（元）				2988.16	3671.47	4626.30
其中	人工费（元）			192.06	201.78	211.86
	材料费（元）			1717.55	2226.41	2756.20
	机械费（元）			1078.55	1243.28	1658.24
类别	名称	规格	单位	单价（元）	消耗量		
人工	人工	—	工日	180.00	1.067	1.121	1.177
材料	涤纶纤维增强复合软管	DN400	m	1095.00	1.080	0.000	0.000
		DN500	m	1432.50	0.000	1.080	0.000
		DN600	m	1789.20	0.000	0.000	1.080
	涤纶软管专用修复接头	DN400	只	16987.50	0.016	0.000	0.000
		DN500	只	21517.50	0.000	0.016	0.000
		DN600	只	27482.00	0.000	0.000	0.016
	涤纶软管转换接头	DN400	只	5889.00	0.018	0.000	0.000
		DN500	只	7774.65	0.000	0.018	0.000
		DN600	只	8778.75	0.000	0.000	0.018
	涤纶软管穿插导向轮	DN400	只	3631.88	0.016	0.000	0.000
		DN500	只	4402.13	0.000	0.016	0.000
		DN600	只	4852.90	0.000	0.000	0.016

类别	名称	规格	单位	单价(元)	消耗量		
材料	涤纶软管穿插牵引头	DN400	只	6874.35	0.008	0.000	0.000
		DN500	只	8563.25	0.000	0.008	0.000
		DN600	只	10092.15	0.000	0.000	0.008
	涤纶软管穿插用 PN10法兰盲板	DN400	只	647.78	0.016	0.000	0.000
		DN500	只	780.98	0.000	0.016	0.000
		DN600	只	856.65	0.000	0.000	0.016
	其他材料费	—	元	1.00	33.680	43.660	54.040
机械	电动软管卷筒	—	台班	1000.00	0.065	0.074	0.086
	穿绳机	—	台班	136.92	0.065	0.074	0.086
	涤纶端部连接设备	—	台班	1200.00	0.065	0.074	0.086
	长管式呼吸器	—	台班	109.61	0.089	0.093	0.098
	CCTV检测设备	—	台班	1500.00	0.065	0.074	0.086
	污水泵	—	台班	150.00	0.115	0.133	0.153
	软管折叠机	—	台班	93.56	0.065	0.074	0.086
	电动牵引车	50kN	台班	2141.24	0.087	0.101	0.116
		100kN	台班	2569.49	0.087	0.101	0.000
		180kN	台班	3083.39	0.000	0.000	0.116
	电动空气压缩机	6m³/min	台班	241.13	0.087	0.101	0.116
	汽车起重机	10t	台班	780.83	0.065	0.074	0.000
		16t	台班	917.21	0.000	0.000	0.086
	汽油发电机组	6kW	台班	127.35	0.115	0.133	0.153
	柴油发电机组	50kW	台班	950.00	0.087	0.101	0.116
		100kW	台班	1500.00	0.087	0.101	0.116
	载重汽车	2t	台班	291.91	0.115	0.133	0.000
		5t	台班	436.97	0.115	0.133	0.153
		25t	台班	1306.54	0.000	0.000	0.153
	其他机具费	—	元	1.00	2.880	3.030	3.180

3.1.2.3 DN700～DN900

穿插涤纶纤维增强复合软管内衬法修复消耗量计价标准 (DN700～DN900)　　表 3-7

项目名称					穿插涤纶纤维增强复合软管内衬法修复		
计量单位					m		
定额编号					3-2-7	3-2-8	3-2-9
管道直径					DN700	DN800	DN900
基价(元)					5553.69	6322.79	7112.40
其中	人工费(元)				222.30	233.46	245.16
	材料费(元)				3251.93	3698.82	4119.06
	机械费(元)				2079.45	2390.51	2748.18
类别	名称	规格	单位	单价(元)	消耗量		
人工	人工	—	工日	180.00	1.235	1.297	1.362

类别	名称	规格	单位	单价(元)	消耗量		
材料	涤纶纤维增强复合软管	DN700	m	2091.60	1.080	0.000	0.000
		DN800	m	2397.75	0.000	1.080	0.000
		DN900	m	2841.30	0.000	0.000	1.080
	涤纶软管专用修复接头	DN700	只	34050.50	0.016	0.000	0.000
		DN800	只	37372.50	0.000	0.016	0.000
		DN900	只	29788.00	0.000	0.000	0.016
	涤纶软管转换接头	DN700	只	10433.33	0.018	0.000	0.000
		DN800	只	12087.90	0.000	0.018	0.000
		DN900	只	13742.48	0.000	0.000	0.018
	涤纶软管穿插导向轮	DN700	只	5530.05	0.016	0.000	0.000
		DN800	只	6207.20	0.000	0.016	0.000
		DN900	只	6884.35	0.000	0.000	0.016
	涤纶软管穿插牵引头	DN700	只	11621.05	0.008	0.000	0.000
		DN800	只	13149.95	0.000	0.008	0.000
		DN900	只	14678.85	0.000	0.000	0.008
	涤纶软管穿插用 PN10 法兰盲板	DN700	只	949.05	0.016	0.000	0.000
		DN800	只	1041.45	0.000	0.016	0.000
		DN900	只	1133.85	0.000	0.000	0.016
	其他材料费	—	元	1.00	63.760	72.530	80.770
机械	电动软管卷筒	—	台班	1000.00	0.098	0.113	0.130
	穿绳机	—	台班	136.92	0.098	0.113	0.130
	涤纶端部连接设备	—	台班	1200.00	0.194	0.223	0.257
	长管式呼吸器	—	台班	109.61	0.103	0.108	0.113
	CCTV 检测设备	—	台班	1500.00	0.098	0.113	0.130
	污水泵	—	台班	150.00	0.176	0.202	0.232
	软管折叠机	—	台班	93.56	0.098	0.113	0.130
	电动牵引车	50kN	台班	2141.24	0.133	0.153	0.176
		180kN	台班	3083.39	0.133	0.153	0.176
	电动空气压缩机	16m³/min	台班	640.00	0.133	0.153	0.176
	汽车起重机	25t	台班	1050.27	0.098	0.113	0.130
	汽油发电机组	6kW	台班	127.35	0.176	0.202	0.232
	柴油发电机组	50kW	台班	950.00	0.133	0.153	0.176
		100kW	台班	1500.00	0.133	0.153	0.176
	载重汽车	5t	台班	436.97	0.176	0.202	0.232
		25t	台班	1306.54	0.176	0.202	0.232
	其他机具费	—	元	1.00	3.330	3.500	3.680

3. 1. 2. 4 DN1000～DN1200

穿插涤纶纤维增强复合软管内衬法修复消耗量计价标准 （DN1000～DN1200）　　表 3-8

项目名称					穿插涤纶纤维增强复合软管内衬法修复		
计量单位					m		
定额编号					3-2-10	3-2-11	
管道直径					DN1000	DN1200	
基价(元)					8244.13	10505.29	
其中	人工费(元)					257.40	270.36	
	材料费(元)					4881.59	6283.48	
	机械费(元)					3105.14	3951.45	
类别	名称	规格	单位	单价(元)	消耗量		
人工	人工	—	工日	180.00	1.430	1.502	
材料	涤纶纤维增强复合软管	DN1000	m	3272.40	1.080	0.000	
		DN1200	m	4309.05	0.000	1.080	
	涤纶软管专用修复接头	DN1000	只	44016.50	0.016	0.000	
		DN1200	只	53152.00	0.000	0.016	
	涤纶软管转换接头	DN1000	只	15397.05	0.018	0.000	
		DN1200	只	18706.20	0.000	0.018	
	涤纶软管穿插导向轮	DN1000	只	7561.50	0.016	0.000	
		DN1200	只	8915.80	0.000	0.016	
	涤纶软管穿插牵引头	DN1000	只	16207.75	0.008	0.000	
		DN1200	只	19265.55	0.000	0.008	
	涤纶软管穿插用 PN10 法兰盲板	DN1000	只	1226.25	0.016	0.000	
		DN1200	只	1411.05	0.000	0.016	
	其他材料费	—	元	1.00	95.720	123.210	
机械	电动软管卷筒	—	台班	1000.00	0.098	0.113	
	穿绳机	—	台班	136.92	0.150	0.172	
	涤纶端部连接设备	—	台班	1200.00	0.295	0.340	
	长管式呼吸器	—	台班	109.61	0.119	0.125	
	CCTV 检测设备	—	台班	1500.00	0.150	0.172	
	污水泵	—	台班	150.00	0.267	0.307	
	软管折叠机	—	台班	93.56	0.150	0.172	
	电动牵引车	50kN	台班	2141.24	0.202	0.233	
		180kN	台班	3083.39	0.202	0.000	
		250kN	台班	3700.06	0.000	0.233	
	电动空气压缩机	16m³/min	台班	640.00	0.202	0.233	
	汽车起重机	25t	台班	1050.27	0.150	0.172	
	汽油发电机组	6kW	台班	127.35	0.267	0.307	
	柴油发电机组	50kW	台班	950.00	0.202	0.233	
		100kW	台班	1500.00	0.202	0.000	
		200kW	台班	2500.00	0.000	0.233	
	载重汽车	5t	台班	436.97	0.267	0.307	
		25t	台班	1306.54	0.267	0.307	
	其他机具费	—	元	1.00	3.860	4.060	

3.2 现场折叠内衬法

现场折叠内衬法是指在现场通过折叠机对内衬管道直径临时性缩小，牵引至待修复管道后，通过气压、水压等方式使折叠管复圆的方法。

工作内容包括：设备安装拆卸、HDPE 内衬管材、现场折叠变形、拖拉衬入旧管道、管端翻边法兰制作、压缩空气涨圆恢复等内衬修复工艺。

现场折叠内衬法修复消耗量计价标准见表 3-9～表 3-11。

3.2.1 DN300～DN500

现场折叠内衬法修复消耗量计价标准（DN300～DN500）　　　　表 3-9

类别	项目名称				现场折叠内衬法修复		
	计量单位				m		
	定额编号				3-3-1	3-3-2	3-3-3
	管道直径				DN300	DN400	DN500
	基价（元）				945.19	1136.57	1321.62
其中	人工费（元）				270.00	275.22	280.08
	材料费（元）				290.48	457.78	612.85
	机械费（元）				384.71	403.57	428.69
类别	名称	规格	单位	单价（元）	消耗量		
人工	人工	—	工日	180.00	1.500	1.529	1.556
材料	HDPE 内衬管	DN300	m	212.00	1.030	0.000	0.000
		DN400	m	358.00	0.000	1.030	0.000
		DN500	m	490.00	0.000	0.000	1.030
	玻纤胶带	宽度50	m²	19.85	0.900	1.200	1.500
	管口导向轮	DN300	组	335.80	0.011	0.000	0.000
		DN400	组	496.60	0.000	0.012	0.000
		DN500	组	521.30	0.000	0.000	0.013
	地面导向轮	V 形	个	185.90	0.011	0.012	0.013
	PE 管托架	500 型	个	321.20	0.083	0.088	0.094
	翻边模具	DN300	个	3531.20	0.003	0.000	0.000
		DN400	个	3821.60	0.000	0.003	0.000
		DN500	个	4241.20	0.000	0.000	0.003
	承盘短管	DN300	个	531.96	0.010	0.000	0.000
		DN400	个	791.88	0.000	0.010	0.000
		DN500	个	1365.20	0.000	0.000	0.010
	法兰垫片	DN300	片	25.00	0.010	0.000	0.000
		DN400	片	40.00	0.000	0.010	0.000
		DN500	片	60.00	0.000	0.000	0.010
	其他材料费	—	元	1.00	5.700	8.980	12.020
机械	内衬管折叠机	DN500 以下	台班	1243.00	0.056	0.059	0.063
	电动卷扬机	2t	台班	126.54	0.056	0.059	0.063

类别	名称	规格	单位	单价(元)	消耗量		
机械	液压牵引车	90kN	台班	2389.60	0.056	0.059	0.063
	热熔焊机	630 型	台班	282.30	0.056	0.059	0.063
	空气压缩机	6m³/min	台班	167.50	0.056	0.059	0.063
	汽车起重机	8t	台班	703.27	0.056	0.059	0.063
	载重汽车	5t	台班	749.51	0.056	0.059	0.063
	CCTV 检测设备	—	台班	1500.00	0.020	0.020	0.020
	柴油发电机	30kW	台班	600.00	0.056	0.059	0.063
	其他机具费	—	元	1.00	4.050	4.130	4.200

3.2.2 DN600~DN900

现场折叠内衬法修复消耗量计价标准（DN600~DN900）　　表 3-10

项目名称					现场折叠内衬法修复		
计量单位					m		
定额编号					3-3-4	3-3-5	3-3-6
管道直径					DN600	DN800	DN900
基价(元)					1569.49	2048.15	2411.87
其中	人工费(元)				337.50	470.70	540.00
	材料费(元)				693.09	924.58	1169.98
	机械费(元)				538.90	652.87	701.89
类别	名称	规格	单位	单价(元)	消耗量		
人工	人工	—	工日	180.00	1.875	2.615	3.000
材料	HDPE 内衬管	DN600	m	550.00	1.030	0.000	0.000
		DN800	m	734.00	0.000	1.030	0.000
		DN900	m	950.00	0.000	0.000	1.030
	玻纤胶带	宽度50	m²	19.85	1.800	2.400	2.700
	管口导向轮	DN600	组	735.60	0.013	0.000	0.000
		DN800	组	920.30	0.000	0.015	0.000
		DN900	组	1088.40	0.000	0.000	0.017
	地面导向轮	V 形	个	185.90	0.013	0.015	0.017
	PE 管托架	900 型	个	342.40	0.094	0.115	0.125
	翻边模具	DN600	个	4566.30	0.003	0.000	0.000
		DN800	个	5435.90	0.000	0.004	0.000
		DN900	个	5611.50	0.000	0.000	0.004
	承盘短管	DN600	个	1856.00	0.010	0.000	0.000
		DN800	个	2368.00	0.000	0.010	0.000
		DN900	个	2644.00	0.000	0.000	0.010
	法兰垫片	DN600	片	85.00	0.010	0.000	0.000
		DN800	片	140.00	0.000	0.010	0.000
		DN900	片	160.00	0.000	0.000	0.010
	其他材料费	—	元	1.00	13.590	18.130	22.940

类别	名称	规格	单位	单价(元)	消耗量		
机械	内衬管折叠机	DN900 以下	台班	1576.00	0.063	0.077	0.083
	电动卷扬机	2t	台班	126.54	0.063	0.077	0.083
	液压牵引车	18t	台班	3332.40	0.063	0.077	0.083
	热熔焊机	1000 型	台班	452.30	0.063	0.077	0.083
	空气压缩机	6m³/min	台班	167.50	0.063	0.077	0.083
	汽车起重机	8t	台班	703.27	0.063	0.077	0.083
	载重汽车	5t	台班	749.51	0.063	0.077	0.083
	CCTV检测设备	—	台班	1500.00	0.020	0.020	0.020
	柴油发电机	50kW	台班	890.00	0.063	0.077	0.083
	其他机具费	—	元	1.00	5.060	7.060	8.100

3.2.3 DN1000～DN1200

现场折叠内衬法修复消耗量计价标准（DN1000～DN1200）　　　表 3-11

项目名称					现场折叠内衬法修复	
计量单位					m	
定额编号					3-3-7	3-3-8
管道直径					DN1000	DN1200
基价(元)					2731.92	3224.25
其中	人工费(元)				570.06	599.94
	材料费(元)				1500.89	1824.58
	机械费(元)				660.97	799.73
类别	名称	规格	单位	单价(元)	消耗量	
人工	人工	—	工日	180.00	3.167	3.333
材料	HDPE 内衬管	DN1000	m	1230.00	1.030	0.000
		DN1200	m	1490.00	0.000	1.030
	玻纤胶带	宽度50	m²	19.85	3.600	5.400
	管口导向轮	DN1000	组	1348.70	0.017	0.000
		DN120	组	1599.80	0.000	0.017
	地面导向轮	V形	个	185.90	0.013	0.015
	PE 管托架	1200 型	个	396.70	0.125	0.125
	翻边模具	DN1000	个	6289.70	0.004	0.000
		DN1200	个	7341.60	0.000	0.004
	承盘短管	DN1000	个	3120.50	0.010	0.000
		DN1200	个	3597.80	0.000	0.010
	法兰垫片	DN1000	片	180.00	0.010	0.000
		DN1200	片	200.00	0.000	0.010
	其他材料费	—	元	1.00	29.430	35.780
机械	内衬管折叠机	DN1200 以下	台班	2148.00	0.063	0.077
	电动卷扬机	2t	台班	126.54	0.063	0.077
	液压牵引车	25t	台班	4431.20	0.063	0.077

类别	名称	规格	单位	单价(元)	消耗量	
机械	热熔焊机	1200型	台班	663.60	0.063	0.077
	空气压缩机	6m³/min	台班	167.50	0.063	0.077
	汽车起重机	8t	台班	703.27	0.063	0.077
	载重汽车	5t	台班	749.51	0.063	0.077
	CCTV检测设备	—	台班	1500.00	0.020	0.020
	柴油发电机	50kW	台班	890.00	0.063	0.077
	其他机具费	—	元	1.00	8.550	9.000

3.3 热塑成型内衬法

3.3.1 热塑成型施工

热塑成型内衬法是指采用牵拉方法将工厂预制生产压制成"C"形或"H"形的内衬管置入原有管道内，该内衬管以PVC为主要材料，然后通过静置、加热、加压等方式使内衬管直径复圆的方法。

工作内容包括：管道内通风、气体检测、设备安拆、内衬管预热、内衬管拖入原管道内、塞入中通塞堵、内衬管蒸汽加热固化、端口处理等。

热塑成型内衬法修复的消耗量计价标准见表3-12～表3-15。

3.3.1.1 DN100～DN200

热塑成型法内衬法修复消耗量计价标准（DN100～DN200）　　　　表3-12

	项目名称				热塑成型内衬法修复		
	计量单位				m		
	定额编号				3-4-1	3-4-2	3-4-3
	管道直径				DN100	DN150	DN200
	基价(元)				688.63	833.35	1005.37
其中	人工费(元)				49.14	55.44	69.12
	材料费(元)				349.15	441.14	552.94
	机械费(元)				290.34	336.77	383.31
类别	名称	规格	单位	单价(元)	消耗量		
人工	人工	—	工日	180.00	0.273	0.308	0.384
材料	热塑成型PVC-U内衬管	DN100×3mm	m	280.00	1.130	0.000	0.000
		DN150×3mm	m	350.00	0.000	1.130	0.000
		DN200×4mm	m	440.00	0.000	0.000	1.130
	润滑剂	食用级	kg	39.00	0.186	0.233	0.300
	通气塞堵	DN100	对	18089.12	0.001	0.000	0.000
		DN150	对	27133.68	0.000	0.001	0.000
		DN200	对	32178.24	0.000	0.000	0.001
	热塑成型衬管穿插用导向轮	DN100	只	562.17	0.001	0.000	0.000
		DN150	只	768.25	0.000	0.001	0.000
		DN200	只	1024.33	0.000	0.000	0.001
	其他材料费	—	元	1.00	6.850	8.650	10.840

类别	名称	规格	单位	单价(元)	消耗量		
机械	原位热塑成型车	—	台班	7074.31	0.025	0.029	0.033
	牵引车	—	台班	1376.20	0.025	0.029	0.033
	穿绳机	—	台班	136.90	0.025	0.029	0.033
	长管式呼吸器	—	台班	106.39	0.025	0.029	0.033
	气体检测仪	—	台班	80.00	0.025	0.029	0.033
	载重汽车	8t	台班	752.78	0.025	0.029	0.033
	CCTV检测设备	—	台班	1500.00	0.025	0.029	0.033
	叉车	5t	台班	557.45	0.025	0.029	0.033
	其他机具费	—	元	1.00	0.740	0.830	1.040

3.3.1.2 DN250～DN400

热塑成型法内衬法修复消耗量计价标准（DN250～DN400）　　　　表3-13

项目名称					热塑成型内衬法修复		
计量单位					m		
定额编号					3-4-4	3-4-5	3-4-6
管道直径					DN250	DN300	DN400
基价(元)					1087.55	1256.52	1579.11
其中	人工费(元)				76.14	89.64	94.32
	材料费(元)				628.00	783.27	1101.11
	机械费(元)				383.41	383.61	383.68
类别	名称	规格	单位	单价(元)	消耗量		
人工	人工	—	工日	180.00	0.423	0.498	0.524
材料	热塑成型PVC-U内衬管	DN250×4mm	m	500.00	1.130	0.000	0.000
		DN300×4mm	m	630.00	0.000	1.130	0.000
		DN400×5mm	m	895.00	0.000	0.000	1.130
	润滑剂	食用级	kg	39.00	0.326	0.363	0.403
	通气塞堵	DN250	对	36622.80	0.001	0.000	0.000
		DN300	对	40344.83	0.000	0.001	0.000
		DN400	对	50431.03	0.000	0.000	0.001
	热塑成型衬管穿插用导向轮	DN250	只	1350.73	0.001	0.000	0.000
		DN300	只	1512.93	0.000	0.001	0.000
		DN400	只	2017.24	0.000	0.000	0.001
	其他材料费	—	元	1.00	12.310	15.360	21.590
机械	原位热塑成型车	—	台班	7074.31	0.033	0.033	0.033
	牵引车	—	台班	1376.20	0.033	0.033	0.033
	穿绳机	—	台班	136.90	0.033	0.033	0.033
	长管式呼吸器	—	台班	106.39	0.033	0.033	0.033
	气体检测仪	—	台班	80.00	0.033	0.033	0.033
	载重汽车	8t	台班	752.78	0.033	0.033	0.033
	CCTV检测设备	—	台班	1500.00	0.033	0.033	0.033
	叉车	5t	台班	557.45	0.033	0.033	0.033
	其他机具费	—	元	1.00	1.140	1.340	1.410

3.3.1.3 DN500～DN700

热塑成型法内衬法修复消耗量计价标准（DN500～DN700） 表3-14

项目名称					热塑成型法内衬法修复		
计量单位					m		
定额编号					3-4-7	3-4-8	3-4-9
管道直径					DN500	DN600	DN700
基价(元)					2119.40	2624.54	3118.52
其中	人工费(元)				108.72	117.54	126.54
	材料费(元)				1377.97	1802.72	2239.93
	机械费(元)				632.71	704.28	752.05
类别	名称	规格	单位	单价(元)	消耗量		
人工	人工	—	工日	180.00	0.604	0.653	0.703
材料	热塑成型 PVC-U 内衬管	DN500×6mm	m	1134.00	1.130	0.000	0.000
		DN600×7mm	m	1492.00	0.000	1.130	0.000
		DN700×8mm	m	1852.00	0.000	0.000	1.130
	润滑剂	食用级	kg	39.00	0.423	0.462	0.502
	通气塞堵	DN500	对	50517.24	0.001	0.000	0.000
		DN600	对	60517.24	0.000	0.001	0.000
		DN700	对	80487.93	0.000	0.000	0.001
	热塑成型衬管穿插用导向轮	DN500	只	2521.55	0.001	0.000	0.000
		DN600	只	2874.57	0.000	0.001	0.000
		DN700	只	3185.98	0.000	0.000	0.001
	其他材料费	—	元	1.00	27.020	35.350	43.920
机械	原位热塑成型车	—	台班	7074.31	0.053	0.059	0.063
	牵引车	—	台班	1376.20	0.053	0.059	0.063
	穿绳机	—	台班	136.90	0.053	0.059	0.063
	长管式呼吸器	—	台班	106.39	0.053	0.059	0.063
	气体检测仪	—	台班	80.00	0.053	0.059	0.063
	载重汽车	8t	台班	752.78	0.053	0.059	0.063
	CCTV 检测设备	—	台班	1500.00	0.053	0.059	0.063
	叉车	10t	台班	880.54	0.053	0.059	0.063
	其他机具费	—	元	1.00	1.630	1.760	1.900

3.3.1.4 DN800～DN1000

热塑成型法内衬法修复消耗量计价标准（DN800～DN1000） 表3-15

项目名称		热塑成型法内衬法修复		
计量单位		m		
定额编号		3-4-10	3-4-11	3-4-12
管道直径		DN800	DN900	DN1000
基价(元)		3714.45	4351.95	5345.88
其中	人工费(元)	108.72	117.54	126.54
	材料费(元)	2789.29	3375.34	4241.06
	机械费(元)	816.44	859.07	978.28

33

类别	名称	规格	单位	单价(元)	消耗量		
人工	人工	—	工日	180.00	0.604	0.653	0.703
材料	热塑成型 PVC-U 内衬管	DN800×8mm	m	2327.00	1.130	0.000	0.000
		DN900×8mm	m	2822.00	0.000	1.130	0.000
		DN1000×8mm	m	3569.00	0.000	0.000	1.130
	润滑剂	食用级	kg	39.00	0.542	0.595	0.709
	通气塞堵	DN800	对	80487.93	0.001	0.000	0.000
		DN900	对	93394.75	0.000	0.001	0.000
		DN1000	对	93394.75	0.000	0.000	0.001
	热塑成型衬管穿插用导向轮	DN800	只	3459.07	0.001	0.000	0.000
		DN900	只	3696.88	0.000	0.001	0.000
		DN1000	只	3885.66	0.000	0.000	0.001
	其他材料费	—	元	1.00	54.690	66.180	83.160
机械	原位热塑成型车	—	台班	7074.31	0.069	0.072	0.082
	牵引车	—	台班	1376.20	0.069	0.072	0.082
	穿绳机	—	台班	136.90	0.069	0.072	0.082
	长管式呼吸器	—	台班	106.39	0.003	0.072	0.082
	气体检测仪	—	台班	80.00	0.072	0.072	0.082
	载重汽车	8t	台班	752.78	0.069	0.072	0.082
	CCTV 检测设备	—	台班	1500.00	0.069	0.072	0.082
	叉车	10t	台班	880.54	0.069	0.072	0.082
	其他机具费	—	元	1.00	1.630	1.760	1.900

3.3.2 端口密封处理

原有管端口连接的法兰及焊接（或伸缩速节、内插密封组件）、带法兰盘连接短管、卡箍等管件、不包含在本消耗量编制范围，相应的费用计取参照项目所在地市政给水管道管件制作安装消耗量标准执行。

工作内容包括：端口清理、内衬管翻边前二次加热与翻边处理、安装密封橡胶圈与连接短管、卡箍固定、清理现场等。

热塑成型内衬法端口处理消耗量计价标准见表 3-16～表 3-19。

3.3.2.1 DN100～DN200

热塑成型内衬法端口处理消耗量计价标准（DN100～DN200） 表 3-16

项目名称		热塑成型内衬法端口处理		
计量单位		处		
定额编号		3-5-1	3-5-2	3-5-3
管道直径		DN100	DN150	DN200
基价(元)		792.91	863.53	917.55
其中	人工费(元)	50.40	57.60	64.80
	材料费(元)	26.81	33.54	44.53
	机械费(元)	715.70	772.39	808.22

类别	名称	规格	单位	单价(元)	消耗量		
人工	人工	—	工日	180.00	0.280	0.320	0.360
材料	304不锈钢螺栓连接件	φ10×60mm	个	2.63	6.000	0.000	0.000
		φ10×80mm	个	3.23	0.000	6.000	0.000
		φ12×100mm	个	3.86	0.000	0.000	6.000
	连接管端口橡胶垫圈	DN100×3mm	个	10.50	1.000	0.000	0.00
		DN150×3mm	个	13.50	0.000	1.000	0.000
		DN200×5mm	个	20.50	0.000	0.000	1.000
	其他材料费	—	元	1.00	0.530	0.660	0.870
机械	端口翻边处理设备	—	台班	3000.00	0.200	0.200	0.200
	原位热塑成型车	—	台班	7074.31	0.016	0.024	0.029
	载重汽车	3t	台班	350.00	0.005	0.005	0.006
	其他机具费	—	元	1.00	0.760	0.860	0.970

3.3.2.2 DN250～DN400

热塑成型内衬法端口处理消耗量计价标准 (DN250～DN400)　　　　表3-17

项目名称				热塑成型内衬法端口处理			
计量单位				处			
定额编号				3-5-4	3-5-5	3-5-6	
管道直径				DN250	DN300	DN400	
基价(元)				1108.61	1306.63	1522.24	
其中	人工费(元)			70.20	75.60	81.00	
	材料费(元)			58.53	75.83	94.86	
	机械费(元)			979.88	1155.20	1346.38	

类别	名称	规格	单位	单价(元)	消耗量		
人工	人工	—	工日	180.00	0.390	0.420	0.450
材料	304不锈钢螺栓连接件	φ12×100mm	个	3.86	8.000	0.000	0.000
		φ12×120mm	个	4.66	0.000	9.000	0.000
		φ14×120mm	个	5.24	0.000	0.000	10.00
	连接管端口橡胶垫圈	DN250×6mm	个	26.50	1.000	0.000	0.000
		DN300×8mm	个	32.40	0.000	1.000	0.000
		DN400×8mm	个	40.60	0.000	0.000	1.000
	其他材料费	—	元	1.00	1.150	1.490	1.860
机械	端口翻边处理设备	—	台班	3000.00	0.250	0.280	0.320
	原位热塑成型车	—	台班	7074.31	0.032	0.044	0.054
	载重汽车	3t	台班	350.00	0.007	0.008	0.009
	其他机具费	—	元	1.00	1.050	1.130	1.220

3.3.2.3 DN500～DN700

热塑成型内衬法端口处理消耗量计价标准（DN500～DN700）　　　表 3-18

项目名称					热塑成型内衬法端口处理		
计量单位					处		
定额编号					3-5-7	3-5-8	3-5-9
管道直径					DN500	DN600	DN700
基价(元)					1673.29	1924.70	2178.46
其中	人工费(元)				86.40	91.80	97.20
	材料费(元)				113.35	136.49	169.05
	机械费(元)				1473.54	1696.41	1912.21
类别	名称	规格	单位	单价(元)	消耗量		
人工	人工	—	工日	180.00	0.480	0.510	0.540
材料	304不锈钢螺栓连接件	φ14×120mm	个	5.24	12.000	0.000	0.000
		φ14×120mm	个	5.64	0.000	14.000	0.000
		φ16×120mm	个	6.24	0.000	0.000	16.000
	连接管端口橡胶垫圈	DN500×9mm	个	48.25	1.000	0.000	0.000
		DN600×9mm	个	54.85	0.000	1.000	0.000
		DN700×10mm	个	65.90	0.000	0.000	1.000
	其他材料费	—	元	1.00	2.220	2.680	3.310
机械	端口翻边处理设备	—	台班	3000.00	0.360	0.420	0.480
	原位热塑成型车	—	台班	7074.31	0.055	0.061	0.066
	载重汽车	3t	台班	350.00	0.009	0.01	0.011
	其他机具费	—	元	1.00	1.300	1.380	1.460

3.3.2.4 DN800～DN1000

热塑成型内衬法端口处理消耗量计价标准（DN800～DN1000）　　　表 3-19

项目名称					热塑成型内衬法端口处理		
计量单位					处		
定额编号					3-5-10	3-5-11	3-5-12
管道直径					DN800	DN900	DN1000
基价(元)					2385.57	2581.94	2881.30
其中	人工费(元)				111.60	126.00	140.40
	材料费(元)				205.47	231.15	239.82
	机械费(元)				2068.5	2224.79	2501.08
类别	名称	规格	单位	单价(元)	消耗量		
人工	人工	—	工日	180.00	0.620	0.700	0.780
材料	304不锈钢螺栓连接件	φ16×140mm	个	7.24	16.000	0.000	0.000
			个	7.24	0.000	18.000	0.000
			个	7.24	0.000	0.000	18.000
	连接管端口橡胶垫圈	DN800×10mm	个	85.60	1.000	0.000	0.000
		DN900×10mm	个	96.30	0.000	1.000	0.000
		DN1000×10mm	个	104.80	0.000	0.000	1.000
	其他材料费	—	元	1.00	4.030	4.530	4.700

类别	名称	规格	单位	单价(元)	消耗量		
机械	端口翻边处理设备	—	台班	3000.00	0.520	0.560	0.640
	原位热塑成型车	—	台班	7074.31	0.071	0.076	0.081
	载重汽车	3t	台班	350.00	0.013	0.015	0.017
	其他机具费	—	元	1.00	1.670	1.890	2.110

3.4 CIPP 热水固化法

说明：CIPP 翻转法原位固化修复，实际所用的聚酯纤维软管厚度与定额不同时，单价可以换算，其余不变。

工作内容包括：设备安装拆卸、软管翻转衬入、加热固化、给水、端口处理。

CIPP 热水固化法修复的消耗量计价标准见表 3-20～表 3-22。

3.4.1 DN500～DN700

CIPP 热水固化法修复消耗量计价标准（DN500～DN700）　　　　表 3-20

类别	名称	规格	单位	单价(元)	消耗量		
	项目名称				CIPP 热水固化法修复		
	计量单位				m		
	定额编号				3-6-1	3-6-2	3-6-3
	管道直径				DN500	DN600	DN700
	基价(元)				2002.09	3094.32	4281.69
其中	人工费(元)				252.00	270.00	288.00
	材料费(元)				1276.53	2355.49	3439.09
	机械费(元)				473.56	468.83	554.60
人工	人工	—	工日	180.00	1.400	1.500	1.600
材料	翻转筒	DN500	套	5000.00	0.010	0.010	0.010
		DN600	套	6000.00	0.010	0.010	0.010
		DN700	套	7000.00	0.010	0.010	0.010
	水	—	m³	5.82	0.196	0.283	0.385
	PN10 封堵头	DN500	只	500.00	0.010	0.000	0.000
		DN600	只	600.00	0.000	0.010	0.000
		DN700	只	700.00	0.000	0.000	0.010
	聚酯纤维内衬软管(湿管)	DN500	m	1000.00	1.050	0.000	0.000
		DN600	m	2000.00	0.000	1.050	0.000
		DN700	m	3000.00	0.000	0.000	1.050
	辅助套管	DN500	m	14.10	1.050	0.000	0.000
		DN600	m	20.00	0.000	1.050	0.000
		DN700	m	30.00	0.000	0.000	1.050
	润滑油脂	—	kg	10.00	0.055	0.066	0.092
	其他材料费	—	元	1.00	25.030	46.190	67.430

类别	名称	规格	单位	单价(元)	消耗量		
机械	热水固化车	60kcal	台班	6000.00	0.050	0.050	0.050
	轴流风机	7.5kW	台班	100.00	0.100	0.050	0.050
	汽车起重机	25t	台班	1500.00	0.050	0.050	0.050
	柴油发电机	50kW	台班	950.00	0.010	0.010	0.100
	载重汽车	8t	台班	752.78	0.100	0.100	0.100
	其他机具费	—	元	1.00	3.780	4.050	4.320

3.4.2 DN800～DN1000

CIPP热水固化法修复消耗量计价标准（DN800～DN1000）　　　　　表 3-21

项目名称					CIPP热水固化法修复		
计量单位					m		
定额编号					3-6-4	3-6-5	3-6-6
管道直径					DN800	DN900	DN1000
基价(元)					5281.54	6393.86	7546.81
其中	人工费(元)				306.00	324.00	342.00
	材料费(元)				4420.67	5514.72	6618.90
	机械费(元)				554.87	555.14	585.91
类别	名称	规格	单位	单价(元)	消耗量		
人工	人工	—	工日	180.00	1.700	1.800	1.900
材料	翻转筒	DN800	套	8000.00	0.010	0.000	0.000
		DN900	套	9000.00	0.000	0.010	0.000
		DN1000	套	10000.00	0.000	0.000	0.011
	水	—	m³	5.82	0.503	0.636	0.786
	PN10 封堵头	DN800	只	800.00	0.010	0.000	0.000
		DN900	只	900.00	0.000	0.010	0.000
		DN1000	只	1000.00	0.000	0.000	0.010
	聚酯纤维内衬软管(湿管)	DN800	m	4000.00	1.050	0.000	0.000
		DN900	m	5000.00	0.000	1.050	0.000
		DN1000	m	6000.00	0.000	0.000	1.050
	辅助套管	DN800	m	40.00	1.050	0.000	0.000
		DN900	m	50.00	0.000	1.050	0.000
		DN1000	m	60.00	0.000	0.000	1.050
	润滑油脂	—	kg	10.00	0.106	0.139	0.154
	其他材料费	—	元	1.00	86.680	108.130	129.780
机械	热水固化车	60kcal	台班	6000.00	0.050	0.050	0.055
	轴流风机	7.5kW	台班	100.00	0.050	0.050	0.055
	汽车起重机	25t	台班	1500.00	0.050	0.050	0.050
	柴油发电机	50kW	台班	950.00	0.100	0.100	0.100
	载重汽车	8t	台班	752.78	0.100	0.100	0.100
	其他机具费	—	元	1.00	4.590	4.860	5.130

3.4.3 DN1200～DN1500

CIPP 热水固化法修复消耗量计价标准（DN1200～DN1500）　　　表 3-22

项目名称					CIPP 热水固化法修复		
计量单位					m		
定额编号					3-6-7	3-6-8	3-6-9
管道直径					DN1200	DN1400	DN1500
基价(元)					8733.09	9969.57	11141.73
其中	人工费(元)				360.00	378.00	414.00
	材料费(元)				7728.68	8862.43	9967.55
	机械费(元)				644.41	729.14	760.18
类别	名称	规格	单位	单价(元)	消耗量		
人工	综合人工	—	工日	180.00	2.000	2.100	2.300
材料	翻转筒	DN1200	套	12000.00	0.011	0.000	0.000
		DN1400	套	13500.00	0.000	0.013	0.000
		DN1500	套	15000.00	0.000	0.000	0.013
	水	—	m³	5.82	1.131	1.540	1.767
	PN10 封堵头	DN1200	只	1200.00	0.011	0.000	0.000
		DN1400	只	1350.00	0.000	0.013	0.000
		DN1500	只	1500.00	0.000	0.000	0.013
	聚酯纤维内衬软管(湿管)	DN1200	m	7000.00	1.050	0.000	0.000
		DN1400	m	8000.00	0.000	1.050	0.000
		DN1500	m	9000.00	0.000	0.000	1.050
	辅助套管	DN1200	m	70.00	1.050	0.000	0.000
		DN1400	m	80.00	0.000	1.050	0.000
		DN1500	m	90.00	0.000	0.000	1.050
	润滑油脂	—	kg	10.00	0.185	0.264	0.282
	其他材料费	—	元	1.00	151.540	173.770	195.440
机械	热水固化车	60kcal	台班	6000.00	0.060	0.065	0.070
	轴流风机	7.5kW	台班	100.00	0.060	0.065	0.070
	汽车起重机	25t	台班	1500.00	0.056	0.067	0.067
	柴油发电机	50kW	台班	950.00	0.111	0.133	0.133
	载重汽车	8t	台班	752.78	0.111	0.133	0.133
	其他机具费	—	元	1.00	5.400	5.670	6.210

3.5　CIPP 蒸汽固化法

工作内容包括：复合软管制作与加工、有毒有害气体监测、强制通风、复合软管翻转衬入、蒸汽加热固化、端头处理等。

3.5.1　CIPP 蒸汽固化施工

CIPP 蒸汽固化法修复消耗量计价标准见表 3-23～表 3-26。

3.5.1.1 DN150～DN250

CIPP 蒸汽固化法修复消耗量计价标准（DN150～DN250） 表 3-23

类别	名称	规格	单位	单价(元)	CIPP 蒸汽固化法修复		
			项目名称		CIPP 蒸汽固化法修复		
			计量单位		m		
			定额编号		3-7-1	3-7-2	3-7-3
			管道直径		DN150	DN200	DN250
			基价(元)		1537.21	2179.67	3192.84
其中			人工费(元)		140.40	151.20	162.00
			材料费(元)		1126.42	1739.34	2721.55
			机械费(元)		270.39	289.13	309.29
类别	名称	规格	单位	单价(元)	消耗量		
人工	人工	—	工日	180.00	0.780	0.840	0.900
材料	复合纤维预浸料软管	DN150×3mm	m	987.00	1.105	0.000	0.000
		DN200×3mm	m	1527.00	0.000	1.105	0.000
		DN250×3mm	m	2397.00	0.000	0.000	1.105
	端头保护软管	DN150	m	137.00	0.100	0.000	0.000
		DN200	m	179.00	0.000	0.100	0.000
		DN250	m	195.00	0.000	0.000	0.100
	其他材料费	—	元	1.00	22.090	34.100	53.360
机械	翻转设备	≤DN300	台班	12000.00	0.015	0.016	0.017
	蒸汽固化机组	—	台班	2450.00	0.016	0.017	0.019
	监测装置	—	台班	128.77	0.016	0.017	0.019
	空气压缩机	6m³/min	台班	241.13	0.017	0.019	0.020
	载重汽车	5t	台班	522.84	0.015	0.016	0.017
		10t	台班	1000.00	0.006	0.007	0.007
		25t	台班	1306.54	0.015	0.016	0.017
	轴流风机	7.5kW	台班	100.00	0.020	0.022	0.023
	柴油发电机	15kW	台班	300.00	0.015	0.016	0.017
	气体检测仪	—	台班	80.00	0.016	0.017	0.019
	长管式呼吸器	—	台班	106.39	0.016	0.017	0.019
	其他机具费	—	元	1.00	2.110	2.270	2.430

3.5.1.2 DN300～DN500

CIPP 蒸汽固化法修复消耗量计价标准（DN300～DN500） 表 3-24

	项目名称	CIPP 蒸汽固化法修复		
	计量单位	m		
	定额编号	3-7-4	3-7-5	3-7-6
	管道直径	DN300	DN400	DN500
	基价(元)	4291.09	5587.28	7107.41
其中	人工费(元)	172.80	252.00	270.90
	材料费(元)	3800.06	4860.34	6320.11
	机械费(元)	318.23	474.95	516.40

类别	名称	规格	单位	单价(元)	消耗量		
人工	人工	—	工日	180.00	0.960	1.400	1.505
材料	复合纤维预浸料软管	DN300×3mm	m	3350.00	1.105	0.000	0.000
		DN400×3mm	m	4287.00	0.000	1.105	0.000
		DN500×4mm	m	5578.00	0.000	0.000	1.105
	端头保护软管	DN300	m	238.00	0.100	0.000	0.000
		DN400	m	279.00	0.000	0.100	0.000
		DN500	m	325.00	0.000	0.000	0.100
	其他材料费	—	元	1.00	74.510	95.300	123.920
机械	翻转设备	≤DN300	台班	12000.00	0.018	0.000	0.000
		≤DN800	台班	15000.00	0.000	0.023	0.025
	蒸汽固化机组	—	台班	2450.00	0.016	0.017	0.019
	监测装置	—	台班	128.77	0.020	0.025	0.027
	空气压缩机	6m³/min	台班	241.13	0.022	0.027	0.029
	载重汽车	5t	台班	522.84	0.018	0.023	0.025
		10t	台班	1000.00	0.008	0.010	0.010
		25t	台班	1306.54	0.018	0.023	0.025
	轴流风机	7.5kW	台班	100.00	0.025	0.031	0.033
	柴油发电机	15kW	台班	300.00	0.018	0.000	0.000
		30kW	台班	650.00	0.000	0.023	0.025
	气体检测仪	—	台班	80.00	0.020	0.025	0.027
	长管式呼吸器	—	台班	106.39	0.020	0.025	0.027
	其他机具费		元	1.00	2.590	3.780	4.060

3.5.1.3 DN600～DN800

CIPP 蒸汽固化法修复消耗量计价标准（DN600～DN800）　　表 3-25

项目名称					CIPP 蒸汽固化法修复		
计量单位					m		
定额编号					3-7-7	3-7-8	3-7-9
管道直径					DN600	DN700	DN800
基价(元)					8176.46	9549.73	11293.19
其中	人工费(元)				331.20	360.00	388.80
	材料费(元)				7283.66	8557.56	10226.05
	机械费(元)				561.60	632.17	678.34

类别	名称	规格	单位	单价(元)	消耗量		
人工	人工	—	工日	180.00	1.840	2.000	2.160
材料	复合纤维预浸料软管	DN600×4mm	m	6428.00	1.105	0.000	0.000
		DN700×5mm	m	7553.00	0.000	1.105	0.000
		DN800×6mm	m	9027.00	0.000	0.000	1.105
	端头保护软管	DN600	m	379.00	0.100	0.000	0.000
		DN700	m	437.00	0.000	0.100	0.000
		DN800	m	507.00	0.000	0.000	0.100
	其他材料费	—	元	1.00	142.820	167.800	200.510

类别	名称	规格	单位	单价(元)	消耗量		
机械	翻转设备	≤DN800	台班	15000.00	0.026	0.029	0.031
	蒸汽固化机组	—	台班	2450.00	0.029	0.031	0.034
	监测装置	—	台班	128.77	0.029	0.031	0.034
	空气压缩机	6m³/min	台班	241.13	0.031	0.034	0.036
	载重汽车	5t	台班	522.84	0.026	0.029	0.031
		10t	台班	1000.00	0.011	0.012	0.013
		25t	台班	1306.54	0.026	0.029	0.031
	防爆轴流风机	7.5kW	台班	100.00	0.035	0.038	0.041
	柴油发电机	30kW	台班	650.00	0.026	0.000	0.000
		60kW	台班	1000.00	0.000	0.029	0.031
	气体检测仪	—	台班	80.00	0.029	0.031	0.034
	长管式呼吸器	—	台班	106.39	0.029	0.031	0.034
	其他机具费	—	元	1.00	4.970	5.400	5.830

3.5.1.4 DN1000～DN1400

CIPP 蒸汽固化法修复消耗量计价标准（DN1000～DN1400） 表 3-26

项目名称					CIPP 蒸汽固化法修复		
计量单位					m		
定额编号					3-7-10	3-7-11	3-7-12
管道直径					DN1000	DN1200	DN1400
基价(元)					14234.12	17001.35	19274.27
其中	人工费(元)				453.60	469.80	522.00
	材料费(元)				13114.34	15804.78	17981.36
	机械费(元)				666.18	726.77	770.91
类别	名称	规格	单位	单价(元)	消耗量		
人工	人工		工日	180.00	2.520	2.610	2.900
材料	复合纤维预浸料软管	DN1000×10mm	m	11579.00	1.105	0.000	0.000
		DN1200×10mm	m	13956.00	0.000	1.105	0.000
		DN1400×12mm	m	15877.00	0.000	0.000	1.105
	端头保护软管	DN1000	m	624.00	0.100	0.000	0.000
		DN1200	m	735.00	0.000	0.100	0.000
		DN1400	m	847.00	0.000	0.000	0.100
	其他材料费	—	元	1.00	257.140	309.900	352.580
机械	翻转设备	≤DN1500	台班	18000.00	0.026	0.029	0.031
	蒸汽固化机组	—	台班	2450.00	0.035	0.036	0.037
	监测装置	—	台班	128.77	0.035	0.036	0.037
	空气压缩机	6m³/min	台班	241.13	0.038	0.039	0.040
	载重汽车	5t	台班	522.84	0.032	0.033	0.035
		10t	台班	1000.00	0.013	0.014	0.014
		25t	台班	1306.54	0.032	0.033	0.035

类别	名称	规格	单位	单价(元)	消耗量		
机械	轴流风机	7.5kW	台班	100.00	0.043	0.045	0.046
	柴油发电机	50kW	台班	300.00	0.032	0.033	0.035
	气体检测仪	—	台班	80.00	0.035	0.036	0.037
	长管式呼吸器	—	台班	106.39	0.035	0.036	0.037
	其他机具费	—	元	1.00	6.800	7.050	7.830

3.5.2 端部密封处理

CIPP 蒸汽固化法端部密封处理消耗量计价标准见表 3-27～表 3-30。

3.5.2.1 DN150～DN250

CIPP 蒸汽固化法端部密封处理消耗量计价标准（DN150～DN250） 表 3-27

	项目名称				CIPP 蒸汽固化法端部密封处理		
	计量单位				个		
	定额编号				3-8-1	3-8-2	3-8-3
	管道直径				DN150	DN200	DN250
	基价(元)				1742.00	2066.69	2285.50
其中	人工费(元)				140.40	156.60	189.00
	材料费(元)				1466.81	1775.06	1956.16
	机械费(元)				134.79	135.03	140.34
类别	名称	规格	单位	单价(元)	消耗量		
人工	人工	—	工日	180.00	0.780	0.870	1.050
材料	专用橡胶圈	DN150	个	565.00	1.000	0.000	0.000
		DN200	个	587.00	0.000	1.000	0.000
		DN250	个	605.00	0.000	0.000	1.000
	不锈钢压环	DN150	个	650.00	1.000	0.000	0.000
		DN200	个	870.00	0.000	1.000	0.000
		DN250	个	970.00	0.000	0.000	1.000
	复合纤维织物	宽 1.3m	m	35.00	0.470	0.630	0.790
	高性能专用树脂(A+B料)	—	kg	65.00	2.440	3.280	4.110
	修复专用气囊	DN100～DN250	只	4000.00	0.012	0.012	0.012
	其他材料费	—	元	1.00	28.760	34.810	38.360
机械	空气压缩机	6m³/min	台班	241.13	0.150	0.150	0.170
	载重汽车	5t	台班	522.84	0.150	0.150	0.150
	长管式呼吸器		台班	106.39	0.170	0.170	0.170
	其他机械费	—	元	1.00	2.110	2.350	2.840

3.5.2.2 DN300～DN500

CIPP 蒸汽固化法端部密封处理消耗量计价标准（DN300～DN500） 表 3-28

	项目名称	CIPP 蒸汽固化法端部密封处理		
	计量单位	个		
	定额编号	3-8-4	3-8-5	3-8-6
	管道直径	DN300	DN400	DN500
	基价(元)	2578.71	2868.94	3532.44
其中	人工费(元)	246.60	333.00	397.80
	材料费(元)	2190.91	2386.49	2984.21
	机械费(元)	141.20	149.45	150.42

类别	名称	规格	单位	单价(元)	消耗量		
人工	人工	—	工日	180.00	1.370	1.850	2.210
材料	专用橡胶圈	DN300	个	671.00	1.000	0.000	0.000
		DN400	个	708.00	0.000	1.000	0.000
		DN500	个	792.00	0.000	0.000	1.000
	不锈钢压环	DN300	个	1035.00	1.000	0.000	0.000
		DN400	个	1070.00	0.000	1.000	0.000
		DN500	个	1450.00	0.000	0.000	1.000
	复合纤维织物	宽1.3m	m	35.00	0.940	1.260	1.570
	高性能专用树脂(A+B料)	—	kg	65.00	4.890	6.560	8.270
	修复专用气囊	DN300~DN600	只	7600.00	0.012	0.012	0.012
	其他材料费	—	元	1.00	42.960	46.790	58.510
机械	空气压缩机	6m³/min	台班	241.13	0.170	0.190	0.190
	载重汽车	5t	台班	522.84	0.150	0.150	0.150
	长管式呼吸器	—	台班	106.39	0.170	0.190	0.190
	其他机械费	—	元	1.00	3.700	5.000	5.970

3.5.2.3 DN600~DN800

CIPP 蒸汽固化法端部密封处理消耗量计价标准（DN600~DN800） 表 3-29

项目名称					CIPP 蒸汽固化法端部密封处理		
计量单位					个		
定额编号					3-8-7	3-8-8	3-8-9
管道直径					DN600	DN700	DN800
基价(元)					4185.70	5262.79	5973.48
其中	人工费(元)				498.60	567.00	676.80
	材料费(元)				3525.02	4532.68	5131.93
	机械费(元)				162.08	163.11	164.75

类别	名称	规格	单位	单价(元)	消耗量		
人工	人工	—	工日	180.00	2.770	3.150	3.760
材料	专用橡胶圈	DN600	个	989.00	1.000	0.000	0.000
		DN700	个	1045.00	0.000	1.000	0.000
		DN800	个	1137.00	0.000	0.000	1.000
	不锈钢压环	DN600	个	1550.00	1.000	0.000	0.000
		DN700	个	2370.00	0.000	1.000	0.000
		DN800	个	2750.00	0.000	0.000	1.000
	复合纤维织物	宽1.3m	m	35.00	1.900	2.200	2.510
	高性能专用树脂(A+B料)	—	kg	65.00	9.880	11.440	13.050
	修复专用气囊	DN300~DN600	只	7600.00	0.012	0.012	0.012
		DN600~DN1000	只	9750.00	0.012	0.012	0.012
	其他材料费	—	元	1.00	69.120	88.880	100.630

类别	名称	规格	单位	单价(元)	消耗量		
机械	空气压缩机	6m³/min	台班	241.13	0.210	0.210	0.210
	载重汽车	5t	台班	522.84	0.150	0.150	0.150
	长管式呼吸器	—	台班	106.39	0.240	0.240	0.240
	其他机械费	—	元	1.00	7.480	8.510	10.150

3.5.2.4 DN1000~DN1400

CIPP蒸汽固化法端部密封处理消耗量计价标准（DN1000~DN1400）　表3-30

	项目名称				CIPP蒸汽固化法端部密封处理		
	计量单位				个		
	定额编号				3-8-10	3-8-11	3-8-12
	管道直径				DN1000	DN1200	DN1400
	基价(元)				7245.04	8035.84	8986.42
其中	人工费(元)				894.60	1042.20	1267.20
	材料费(元)				6136.68	6765.61	7473.34
	机械费(元)				213.76	228.03	245.88
类别	名称	规格	单位	单价(元)	消耗量		
人工	人工	—	工日	180.00	4.970	5.790	7.040
材料	专用橡胶圈	DN1000	个	1245.00	1.000	0.000	0.000
		DN1200	个	1327.00	0.000	1.000	0.000
		DN1400	个	1377.00	0.000	0.000	1.000
	不锈钢压环	DN1000	个	3075.00	1.000	0.000	0.000
		DN1200	个	3375.00	0.000	1.000	0.000
		DN1400	个	3780.00	0.000	0.000	1.000
	复合纤维织物	宽1.3m	m	35.00	3.140	3.770	4.410
	高性能专用树脂(A+B料)	—	kg	65.00	16.330	19.600	22.930
	修复专用气囊	DN600~DN1000	只	9750.00	0.012	0.012	0.012
		DN1200	只	15300.00	0.012	0.012	0.012
		DN1400	只	18700.00	0.012	0.012	0.012
	其他材料费	—	元	1.00	120.330	132.660	146.540
机械	空气压缩机	6m³/min	台班	241.13	0.360	0.410	0.470
	载重汽车	5t	台班	522.84	0.150	0.150	0.150
	长管式呼吸器	—	台班	106.39	0.330	0.330	0.330
	其他机械费	—	元	1.00	13.420	15.630	19.010

3.6　CIPP紫外光固化法

CIPP紫外光固化法是指以拉入方式对给水管道进行紫外光固化修复的方法。

工作内容包括：固化机组就位、CCTV拉入牵引绳、拉入底膜、拉入玻璃纤维软管、安装扎头、充气、拉入灯架、充气与保压、软管固化、拆卸扎头、内衬管端口切割、修复后检测、清理现场等。

3.6.1 CIPP 紫外光固化施工

CIPP 紫外光固化法修复消耗量计价标准见表 3-31～表 3-35。

3.6.1.1 DN200～DN400

CIPP 紫外光固化法修复消耗量计价标准（DN200～DN400）　　　　表 3-31

类别	项目名称				CIPP 紫外光固化法修复		
	计量单位				m		
	定额编号				3-9-1	3-9-2	3-9-3
	管道直径				DN200	DN300	DN400
	基价(元)				2286.37	3055.81	4386.02
其中	人工费(元)				90.90	90.90	100.80
	材料费(元)				1683.97	2414.37	3578.41
	机械费(元)				511.50	550.54	706.81
类别	名称	规格	单位	单价(元)	消耗量		
人工	人工	—	工日	180.00	0.505	0.505	0.560
材料	玻纤预浸软管	DN200×4mm	m	1596.00	1.025	0.000	0.000
		DN300×4mm	m	2292.00	0.000	1.025	0.000
		DN400×4mm	m	3402.00	0.000	0.000	1.025
	底膜	DN200	m	9.48	1.050	0.000	0.000
		DN300	m	11.21	0.000	1.050	0.000
		DN400	m	12.93	0.000	0.000	1.050
	扎头布	DN200	块	154.31	0.017	0.000	0.000
		DN300	块	205.17	0.000	0.017	0.000
		DN400	块	302.59	0.000	0.000	0.017
	扎头绑带	B50 型	支	75.00	0.033	0.033	0.033
	其他材料费	—	元	1.00	33.020	47.340	70.160
机械	柴油发电机	50kW	台班	950.00	0.023	0.026	0.038
		60kW	台班	1200.00	0.038	0.041	0.053
	紫外光固化修复一体车	—	台班	8620.00	0.038	0.041	0.053
	轴流风机	7.5kW	台班	100.00	0.038	0.041	0.053
	电动卷扬机	50kN	台班	450.00	0.038	0.041	0.053
	CCTV 检测设备	—	台班	1500.00	0.016	0.016	0.016
	叉车	5t	台班	557.45	0.038	0.041	0.053
	载重汽车	2t	台班	291.91	0.038	0.041	0.053
		8t	台班	752.78	0.038	0.041	0.053
	气体检测仪	—	台班	35.75	0.038	0.041	0.053
	长管式呼吸器	—	台班	52.50	0.038	0.041	0.053
	高压水清洗车	6m³	台班	2000.00	0.003	0.003	0.003
	其他机具费	—	元	1.00	1.360	1.360	1.510

3.6.1.2 DN500～DN700

CIPP 紫外光固化法修复消耗量计价标准（DN500～DN700） 表 3-32

	项目名称				CIPP 紫外光固化法修复		
	计量单位				m		
	定额编号				3-9-4	3-9-5	3-9-6
	管道直径				DN500	DN600	DN700
	基价(元)				5317.05	6358.48	7605.70
其中	人工费(元)				121.50	204.84	235.08
	材料费(元)				4379.77	4937.51	6100.72
	机械费(元)				815.78	1216.13	1269.90
类别	名称	规格	单位	单价(元)	消耗量		
人工	人工	—	工日	180.00	0.675	1.138	1.310
材料	玻纤预浸软管	DN500×5mm	m	4164.00	1.025	0.000	0.000
		DN600×6mm	m	4693.00	0.000	1.025	0.000
		DN700×7mm	m	5800.00	0.000	0.000	1.025
	底膜	DN500	m	16.38	1.050	0.000	0.000
		DN600	m	19.83	0.000	1.050	0.000
		DN700	m	24.14	0.000	0.000	1.050
	扎头布	DN500	块	359.48	0.017	0.000	0.000
		DN600	块	416.38	0.000	0.017	0.000
		DN700	块	487.07	0.000	0.000	0.017
	扎头绑带	B50 型	支	75.00	0.033	0.033	0.033
	其他材料费	—	元	1.00	85.880	96.810	119.620
机械	柴油发电机	50kW	台班	950.00	0.045	0.075	0.090
		60kW	台班	1200.00	0.06	0.090	0.093
	紫外光固化修复一体车	—	台班	8620.00	0.06	0.090	0.093
	轴流风机	7.5kW	台班	100.00	0.06	0.090	0.093
	电动卷扬机	50kN	台班	283.26	0.06	0.090	0.093
	CCTV 检测设备	—	台班	1500.00	0.016	0.016	0.016
	载重汽车	2t	台班	291.91	0.06	0.090	0.093
		8t	台班	752.78	0.06	0.090	0.093
	气体检测仪	—	台班	35.75	0.06	0.090	0.093
	长管式呼吸器	—	台班	52.50	0.06	0.090	0.093
	高压水清洗车	6m³	台班	2000.00	0.003	0.003	0.004
	汽车起重机	25t	台班	1017.25	0.06	0.090	0.093
	其他机具费	—	元	1.00	1.820	3.070	3.530

3.6.1.3 DN800～DN1000

CIPP 紫外光固化法修复消耗量计价标准（DN800～DN1000） 表 3-33

	项目名称	CIPP 紫外光固化法修复		
	计量单位	m		
	定额编号	3-9-7	3-9-8	3-9-9
	管道直径	DN800	DN900	DN1000
	基价(元)	8396.33	9897.33	11665.67
其中	人工费(元)	267.84	291.78	345.42
	材料费(元)	6689.50	8020.88	8991.36
	机械费(元)	1438.99	1584.67	2328.89

类别	名称	规格	单位	单价(元)	消耗量		
人工	人工	—	工日	180.00	1.488	1.621	1.920
材料	玻纤预浸软管	DN800×8mm	m	6359.51	1.025	0.000	0.000
		DN900×9mm	m	7628.31	0.000	1.025	0.000
		DN1000×10mm	m	8552.92	0.000	0.000	1.025
	底膜	DN800	m	26.72	1.050	0.000	0.000
		DN900	m	30.17	0.000	1.050	0.000
		DN1000	m	33.19	0.000	0.000	1.050
	扎头布	DN800	块	547.41	0.017	0.000	0.000
		DN900	块	613.79	0.000	0.017	0.000
		DN1000	块	646.55	0.000	0.000	0.017
	扎头绑带	B50型	支	75.00	0.033	0.033	0.033
	其他材料费	—	元	1.00	131.170	157.270	176.300
机械	柴油发电机	50kW	台班	950.00	0.093	0.101	0.110
		60kW	台班	1200.00	0.105	0.116	0.130
	紫外光固化修复一体车	—	台班	8620.00	0.105	0.116	0.130
	轴流风机	7.5kW	台班	100.00	0.105	0.116	0.130
	电动卷扬机	50kN	台班	450.00	0.105	0.116	0.130
	下料机	—	台班	2413.79	—	—	0.130
	CCTV检测设备	—	台班	1500.00	0.016	0.016	0.016
	汽车起重机	25t	台班	1017.25	0.105	0.116	—
		50t	台班	2907.98	—	—	0.130
	载重汽车	2t	台班	291.91	0.105	0.116	0.130
		8t	台班	752.78	0.105	0.116	0.130
	气体检测仪	—	台班	35.75	0.105	0.116	0.130
	长管式呼吸器	—	台班	52.50	0.105	0.116	0.130
	高压水清洗车	6m³	台班	2000.00	0.004	0.004	0.004
	其他机具费	—	元	1.00	4.020	4.380	5.180

3.6.1.4 DN1100～DN1300

CIPP紫外光固化法修复消耗量计价标准（DN1100～DN1300） 表3-34

项目名称					CIPP紫外光固化法修复		
计量单位					m		
定额编号					3-9-10	3-9-11	3-9-12
管道直径					DN1100	DN1200	DN1300
基价(元)					13385.44	14858.79	15900.94
其中	人工费(元)				450.00	482.58	568.13
	材料费(元)				10242.73	11611.91	12239.87
	机械费(元)				2692.71	2764.30	3092.94
类别	名称	规格	单位	单价(元)	消耗量		
人工	人工	—	工日	180.00	2.500	2.681	3.156

类别	名称	规格	单位	单价(元)	消耗量		
材料	玻纤预浸软管	DN1100×11mm	m	9748.25	1.025	0.000	0.000
		DN1200×12mm	m	11056.42	0.000	1.025	0.000
		DN1300×13mm	m	11653.00	0.000	0.000	1.025
	底膜	DN1100	m	34.48	1.050	0.000	0.000
		DN1200	m	35.78	0.000	1.050	0.000
		DN1300	m	39.57	0.000	0.000	1.050
	扎头布	DN1100	块	662.07	0.017	0.000	0.000
		DN1200	块	668.10	0.000	0.017	0.000
		DN1300	块	677.59	0.000	0.000	0.017
	扎头绑带	B50型	支	75.00	0.033	0.033	0.033
	其他材料费	—	元	1.00	200.840	227.680	240.000
机械	柴油发电机	50kW	台班	950.00	0.135	0.139	0.145
		60kW	台班	1200.00	0.150	0.154	0.173
	紫外光固化修复一体车	—	台班	8620.00	0.150	0.154	0.173
	轴流风机	7.5kW	台班	100.00	0.150	0.154	0.173
	电动卷扬机	50kN	台班	450.00	0.150	0.154	0.173
	下料机		台班	2413.79	0.150	0.154	0.173
	CCTV检测设备	—	台班	1500.00	0.016	0.016	0.016
	汽车起重机	50t	台班	2907.98	0.150	0.154	0.173
	载重汽车	2t	台班	291.91	0.150	0.154	0.173
		8t	台班	752.78	0.150	0.154	0.173
	气体检测仪	—	台班	35.75	0.150	0.154	0.173
	长管式呼吸器	—	台班	52.50	0.150	0.154	0.173
	高压水清洗车	6m³	台班	2000.00	0.005	0.005	0.006
	其他机具费	—	元	1.00	6.750	7.240	8.520

3.6.1.5 DN1400～DN1600

CIPP紫外光固化法修复消耗量计价标准（DN1400～DN1600）　　表3-35

项目名称					CIPP紫外光固化法修复		
计量单位					m		
定额编号					3-9-13	3-9-14	3-9-15
管道直径					DN1400	DN1500	DN1600
基价(元)					17878.99	19937.49	21914.66
其中	人工费(元)				645.84	736.38	826.74
	材料费(元)				13763.19	15285.70	16710.14
	机械费(元)				3469.96	3915.41	4377.78
类别	名称	规格	单位	单价(元)	消耗量		
人工	人工	—	工日	180.00	3.588	4.091	4.593
材料	玻纤预浸软管	DN1400×14mm	m	13101.60	1.025	0.000	0.000
		DN1500×15mm	m	14556.00	0.000	1.025	0.000
		DN1600×16mm	m	15913.20	0.000	0.000	1.025

类别	名称	规格	单位	单价(元)	消耗量		
材料	底膜	DN1400	m	44.83	1.050	0.000	0.000
		DN1500	m	46.51	0.000	1.050	0.000
		DN1600	m	51.44	0.000	0.000	1.050
	扎头布	DN1400	块	860.69	0.017	0.000	0.000
		DN1500	块	868.53	0.000	0.017	0.000
		DN1600	块	880.86	0.000	0.000	0.017
	扎头绑带	B50 型	支	75.00	0.033	0.033	0.033
	其他材料费	—	元	1.00	269.870	299.720	327.650
机械	柴油发电机	50kW	台班	950.00	0.151	0.158	0.163
		60kW	台班	1200.00	0.195	0.221	0.248
	紫外光固化修复一体车	—	台班	8620.00	0.195	0.221	0.248
	轴流风机	7.5kW	台班	100.00	0.195	0.221	0.248
	电动卷扬机	50kN	台班	450.00	0.195	0.221	0.248
	下料机	—	台班	2413.79	0.195	0.221	0.248
	CCTV 检测设备	—	台班	1500.00	0.016	0.016	0.016
	汽车起重机	50t	台班	2907.98	0.195	0.221	0.248
	载重汽车	2t	台班	291.91	0.195	0.221	0.248
		8t	台班	752.78	0.195	0.221	0.248
	气体检测仪	—	台班	35.75	0.195	0.221	0.248
	长管式呼吸器	—	台班	52.50	0.195	0.221	0.248
	高压水清洗车	6m³	台班	2000.00	0.006	0.006	0.007
	其他机具费	—	元	1.00	9.690	11.050	12.400

3.6.2 端口密封处理

工作内容包括：端口清理、安装橡胶圈、密封胶加固、安装三胀圈、清理现场等。

CIPP 紫外光固化法内衬管管口密封与加固工艺的消耗量计价标准见表 3-36～表 3-40。

3.6.2.1 DN200～DN300

CIPP 紫外光固化法内衬管管口密封与加固工艺消耗量计价标准（DN200～DN300） 表 3-36

	项目名称				CIPP 紫外光固化法内衬管管口密封与加固		
	计量单位				处		
	定额编号				3-10-1	3-10-2	3-10-3
	管道直径				DN200	DN250	DN300
	基价(元)				13559.02	18087.54	18888.25
其中	人工费(元)				495.00	495.00	495.00
	材料费(元)				12826.50	17355.02	18155.73
	机械费(元)				237.52	237.52	237.52
类别	名称	规格	单位	单价(元)	消耗量		
人工	人工	—	工日	180.00	2.750	2.750	2.750
材料	饮用水管端口三胀圈	D200	处	5482.83	1.000	0.000	0.000
		D250	处	9594.69	0.000	1.000	0.000
		D300	处	10051.33	0.000	0.000	1.000

类别	名称	规格	单位	单价(元)	消耗量		
材料	饮用水端口橡胶圈	D200	处	7080.00	1.000	0.000	0.000
		D250	处	7404.95	0.000	1.000	0.000
		D300	处	7729.91	0.000	0.000	1.000
	密封胶	—	支	486.73	0.025	0.031	0.038
	其他材料费	—	元	1.00	251.500	340.290	355.990
机械	端口加固设备	—	台班	460.18	0.500	0.500	0.500
	其他机具费	—	元	1.00	7.430	7.430	7.430

3.6.2.2 DN400～DN600

CIPP 紫外光固化法内衬管管口密封与加固工艺消耗量计价标准（DN400～DN600）   表 3-37

项目名称					CIPP 紫外光固化法内衬管管口密封与加固		
计量单位					处		
定额编号					3-10-4	3-10-5	3-10-6
管道直径					DN400	DN500	DN600
基价(元)					21075.74	24488.96	25118.84
其中	人工费(元)				495.00	618.84	618.84
	材料费(元)				20343.22	23573.23	24203.11
	机械费(元)				237.52	296.89	296.89

类别	名称	规格	单位	单价(元)	消耗量		
人工	人工	—	工日	180.00	2.750	3.438	3.438
材料	饮用水管端口三胀圈	DN400	处	11261.95	1.000	0.000	0.000
		DN500	处	13046.02	0.000	1.000	0.000
		DN600	处	13391.15	0.000	0.000	1.000
	饮用水端口橡胶圈	DN400	处	8658.05	1.000	0.000	0.000
		DN500	处	10034.33	0.000	1.000	0.000
		DN600	处	10300.88	0.000	0.000	1.000
	密封胶	—	支	486.73	0.050	0.063	0.075
	其他材料费	—	元	1.00	398.890	462.220	474.570
机械	端口加固设备	—	台班	460.18	0.500	0.625	0.625
	其他机具费	—	元	1.00	7.430	9.280	9.280

3.6.2.3 DN700～DN900

CIPP 紫外光固化法内衬管管口密封与加固工艺消耗量计价标准（DN700～DN900）   表 3-38

项目名称		CIPP 紫外光固化法内衬管管口密封与加固		
计量单位		处		
定额编号		3-10-7	3-10-8	3-10-9
管道直径		DN700	DN800	DN900
基价(元)		26483.60	28609.36	30138.28
其中	人工费(元)	618.84	618.84	742.50
	材料费(元)	25567.87	27693.63	29039.50
	机械费(元)	296.89	296.89	356.28

类别	名称	规格	单位	单价(元)	消耗量		
人工	人工	—	工日	180.00	3.438	3.438	4.125
材料	饮用水管端口三胀圈	DN700	处	14145.13	1.000	0.000	0.000
		DN800	处	15318.58	0.000	1.000	0.000
		DN900	处	16061.95	0.000	0.000	1.000
	饮用水端口橡胶圈	DN700	处	10878.58	1.000	0.000	0.000
		DN800	处	11783.36	0.000	1.000	0.000
		DN900	处	12353.63	0.000	0.000	1.000
	密封胶	—	支	486.73	0.088	0.100	0.112
	其他材料费	—	元	1.00	501.330	543.010	569.400
机械	端口加固设备	—	台班	460.18	0.625	0.625	0.750
	其他机具费	—	元	1.00	9.280	9.280	11.140

3.6.2.4 DN1000~DN1200

CIPP 紫外光固化法内衬管管口密封与加固工艺消耗量计价标准 （DN1000~DN1200）　　　表 3-39

项目名称					CIPP 紫外光固化法内衬管管口密封与加固		
计量单位					处		
定额编号					3-10-10	3-10-11	3-10-12
管道直径					DN1000	DN1100	DN1200
基价(元)					32416.66	33048.23	34363.64
其中	人工费(元)				742.50	742.50	742.50
	材料费(元)				31317.88	31949.45	33264.86
	机械费(元)				356.28	356.28	356.28
类别	名称	规格	单位	单价(元)	消耗量		
人工	综合人工	—	工日	180.00	4.125	4.125	4.125
材料	饮用水管端口三胀圈	DN1000	处	17320.36	1.000	0.000	0.000
		DN1100	处	17666.76	0.000	1.000	0.000
		DN1200	处	18392.92	0.000	0.000	1.000
	饮用水端口橡胶圈	DN1000	处	13322.12	1.000	0.000	0.000
		DN1100	处	13588.57	0.000	1.000	0.000
		DN1200	处	14146.19	0.000	0.000	1.000
	密封胶	—	支	486.73	0.126	0.139	0.151
	其他材料费	—	元	1.00	614.080	626.46	652.25
机械	端口加固设备	—	台班	460.18	0.750	0.750	0.750
	其他机具费	—	元	1.00	11.140	11.140	11.140

3.6.2.5 DN1400~DN1600

CIPP 紫外光固化法内衬管管口密封与加固工艺消耗量计价标准 （DN1400~DN1600）　　　表 3-40

项目名称	CIPP 紫外光固化法内衬管管口密封与加固		
计量单位	处		
定额编号	3-10-13	3-10-14	3-10-15
管道直径	DN1400	DN1500	DN1600
基价(元)	37287.66	38187.40	38929.83

其中	人工费(元)					742.50	852.30	852.30
	材料费(元)					36188.88	36917.36	37659.79
	机械费(元)					356.28	417.74	417.74
类别	名称	规格	单位	单价(元)		消耗量		
人工	人工	—	工日	180.00		4.125	4.735	4.735
材料	饮用水管端口三胀圈	DN1400	处	20007.08		1.000	0.000	0.000
		DN1500	处	20407.22		0.000	1.000	0.000
		DN1600	处	20815.36		0.000	0.000	1.000
	饮用水端口橡胶圈	DN1400	处	15386.55		1.000	0.000	0.000
		DN1500	处	15694.28		0.000	1.000	0.000
		DN1600	处	16008.17		0.000	0.000	1.000
	密封胶	—	支	486.73		0.176	0.189	0.201
	其他材料费	—	元	1.00		709.590	723.870	738.430
机械	端口加固设备	—	台班	460.18		0.750	0.880	0.880
	其他机具费	—	元	1.00		11.140	12.780	12.780

3.7 CIPP 常温固化法

CIPP 翻转内衬原位常温固化法是一种压力管道原位固化修复工艺，是将符合饮用水卫生标准的复合材料采用气压翻转内衬的方式，内衬管采用改性环氧树脂材料与编织软管。将浸有环氧树脂的内衬软管翻转至待修复的管道之中，同时向管道填充压缩空气使内衬材料紧密粘合在管壁上，通过常温保压使内管与外管道形成一体的复合结构，达成内衬与母管一体化共同承压，实现管道永久密封和结构补强同时提高原管道的承压能力。

本计价标准中的"浸渍树脂纤维增强软管"是指已经灌注完成树脂的软管。

工作内容包括：设备安装拆卸、管道 CCTV 检测、敷设牵引线、管道清理（机械清理或超高压水清洗或喷砂清理）、管道内壁烘干、内衬翻转作业、保压固化作业、管端口处理、支管开通。

3.7.1 管道清理

工作内容包括：

（1）管道初步重垢清理、管道精细清理（更换清管器）。

（2）人不进入管道内，利用水射压力大于 1500bar 的超高压清洗机械进入管道内清除原管内壁水泥防腐层、管壁上的结垢、附着物和管内少量淤泥砂石杂物等。

（3）清除管内碎渣、淤泥、砂石杂物等，并清理现场。

（4）清洗保养机具。

机械清管计价标准参见本书 1.1.5 节。

超高压水清管计价标准参见本书 1.1.3 节。

CIPP 常温固化修复前管道喷砂处理消耗量计价标准参见本书 1.1.4 节。

CIPP 常温固化修复前的烘干处理消耗量计价标准参见本书 1.2 节。

3.7.2 CIPP 常温固化施工

工作内容：恒温树脂材料组搅拌、软管灌浆作业、碾压作业，浸水保冷；灌浆后待翻转软管保冷运输至施工现场；管道气压翻转施工作业、保压固化、撤压、切割接头、成品保护、清理现场。

CIPP 翻转内衬常温固化法的消耗量计价标准见表 3-41～表 3-44。

3.7.2.1 DN100～DN300

CIPP 翻转内衬常温固化法消耗量计价标准（DN100～DN300） 表 3-41

项目名称					CIPP 翻转内衬常温固化法修复		
计量单位					m		
定额编号					3-11-1	3-11-2	3-11-3
管道直径					DN100	DN200	DN300
基价(元)					1741.27	2685.79	4669.18
其中	人工费(元)				82.80	82.80	82.80
	材料费(元)				1056.92	2001.44	3984.83
	机械费(元)				601.55	601.55	601.55
类别	名称	规格	单位	单价(元)	消耗量		
人工	人工	—	工日	180.00	0.460	0.460	0.460
材料	树脂纤维编织预浸软管	DN100×2.2mm	m	970.00	1.050	0.000	0.000
		DN200×2.5mm	m	1850.00	0.000	1.050	0.000
		DN300×3.0mm	m	3700.00	0.000	0.000	1.050
	管口导向管	DN100	m	400.00	0.020	0.000	0.000
		DN200	m	500.00	0.000	0.020	0.000
		DN300	m	600.00	0.000	0.000	0.020
	润滑油脂	—	kg	10.00	0.010	0.010	0.010
	不锈钢接收笼	—	个	1200.00	0.008	0.008	0.008
	其他材料费	—	元	1.00	20.720	39.240	78.130
机械	翻转设备	—	台班	18000.00	0.028	0.028	0.028
	冷藏车	—	台班	704.65	0.003	0.003	0.003
	树脂搅拌器	—	个	345.00	0.010	0.010	0.010
	空气压缩机	6m³/min	台班	241.13	0.034	0.034	0.034
	平板拖车组	15t	台班	1492.37	0.006	0.006	0.006
	柴油发电机	50kW	台班	950.00	0.043	0.043	0.043
	汽车起重机	16t	台班	1200.00	0.017	0.017	0.017
		25t	台班	1500.00	0.000	0.000	0.000
	载重汽车	5t	台班	436.97	0.006	0.006	0.006
		10t	台班	1000.00	0.017	0.017	0.017
		20t	台班	1500.00	0.000	0.000	0.000
	其他机具费	—	元	1.00	1.240	1.240	1.240

3.7.2.2 DN400～DN600

CIPP 翻转内衬常温固化法消耗量计价标准（DN400～DN600） 表 3-42

项目名称	CIPP 翻转内衬常温固化法修复		
计量单位	m		
定额编号	3-11-4	3-11-5	3-11-6
管道直径	DN400	DN500	DN600
基价(元)	5849.32	7136.56	8322.19

其中		人工费(元)				82.80	82.80	88.20
		材料费(元)				5164.97	6452.21	7632.35
		机械费(元)				601.55	601.55	601.64
类别	名称	规格	单位	单价(元)		消耗量		
人工	人工	—	工日	180.00		0.460	0.460	0.490
材料	树脂纤维编织预浸软管	DN400×3.0mm	m	4800.00		1.050	0.000	0.000
		DN500×3.5mm	m	6000.00		0.000	1.050	0.000
		DN600×3.5mm	m	7100.00		0.000	0.000	1.050
	管口导向管	DN400	m	700.00		0.020	0.000	0.000
		DN500	m	800.00		0.000	0.020	0.000
		DN600	m	900.00		0.000	0.000	0.020
	润滑油脂	—	kg	10.00		0.010	0.010	0.010
	不锈钢接收笼	—	个	1200.00		0.008	0.008	0.008
	其他材料费	—	元	1.00		101.270	126.510	149.650
机械	翻转设备	—	台班	18000.00		0.028	0.028	0.028
	冷藏车	—	台班	704.65		0.003	0.003	0.003
	树脂搅拌器	—	个	345.00		0.010	0.010	0.010
	空气压缩机	6m³/min	台班	241.13		0.034	0.034	0.034
	平板拖车组	15t	台班	1492.37		0.006	0.006	0.006
	柴油发电机	50kW	台班	950.00		0.043	0.043	0.043
	汽车起重机	16t	台班	1200.00		0.017	0.017	0.017
		25t	台班	1500.00		0.000	0.000	0.000
	载重汽车	5t	台班	436.97		0.006	0.006	0.006
		10t	台班	1000.00		0.017	0.017	0.017
		20t	台班	1500.00		0.000	0.000	0.000
	其他机具费	—	元	1.00		1.240	1.240	1.320

3.7.2.3　DN700～DN900

CIPP翻转内衬常温固化法消耗量计价标准（DN700～DN900）　　　　表3-43

项目名称				CIPP翻转内衬常温固化法修复				
计量单位				m				
定额编号				3-11-7		3-11-8		3-11-9
管道直径				DN700		DN800		DN900
基价(元)				9597.42		10643.68		12407.52
其中		人工费(元)				88.20	88.20	88.20
		材料费(元)				8769.65	9815.92	11579.75
		机械费(元)				739.56	739.56	739.56
类别	名称	规格	单位	单价(元)		消耗量		
人工	人工	—	工日	180.00		0.490	0.490	0.490
材料	树脂纤维编织预浸软管	DN700×4.0mm	m	8160.00		1.050	0.000	0.000
		DN800×4.0mm	m	9135.00		0.000	1.050	0.000
		DN900×4.2mm	m	10780.00		0.000	0.000	1.050

类别	名称	规格	单位	单价(元)	消耗量		
材料	管口导向管	DN700	m	1000.00	0.020	0.000	0.000
		DN800	m	1100.00	0.000	0.020	0.000
		DN900	m	1200.00	0.000	0.000	0.020
	润滑油脂	—	kg	10.00	0.010	0.010	0.010
	不锈钢接收笼	—	个	1200.00	0.008	0.008	0.008
	其他材料费	—	元	1.00	171.95	192.470	227.050
机械	翻转设备	—	台班	18000.00	0.034	0.034	0.034
	冷藏车	—	台班	704.65	0.003	0.003	0.003
	树脂搅拌器	—	个	345.00	0.001	0.001	0.001
	空气压缩机	6m³/min	台班	241.13	0.034	0.034	0.034
	平板拖车组	15t	台班	1492.37	0.006	0.006	0.006
	柴油发电机	50kW	台班	950.00	0.043	0.043	0.043
	汽车起重机	16t	台班	1200.00	0.000	0.000	0.000
		25t	台班	1500.00	0.017	0.017	0.017
	载重汽车	5t	台班	436.97	0.006	0.006	0.006
		10t	台班	1000.00	0.000	0.000	0.000
		20t	台班	1500.00	0.017	0.017	0.017
	其他机具费	—	元	1.00	1.320	1.320	1.320

3.7.2.4 DN1000～DN1400

CIPP 翻转内衬常温固化法消耗量计价标准（DN1000～DN1400） 表 3-44

项目名称	CIPP 翻转内衬常温固化法修复		
计量单位	m		
定额编号	3-11-10	3-11-11	3-11-12
管道直径	DN1000	DN1200	DN1400
基价(元)	13937.90	17090.72	18720.68

其中	人工费(元)	93.60	93.60	93.60
	材料费(元)	13104.65	16257.47	17887.43
	机械费(元)	739.65	739.65	739.65

类别	名称	规格	单位	单价(元)	消耗量		
人工	人工		工日	180.00	0.520	0.520	0.520
材料	树脂纤维编织预浸软管	DN1000×4.2mm	m	12200.00	1.050	0.000	0.000
		DN1200×4.5mm	m	15140.00	0.000	1.050	0.000
		DN1400×4.5mm	m	16660.00	0.000	0.000	1.050
	管口导向管	DN1000	m	1400.00	0.020	0.000	0.000
		DN1200	m	1600.00	0.000	0.020	0.000
		DN1400	m	1700.00	0.000	0.000	0.020
	润滑油脂	—	kg	10.00	0.010	0.010	0.010
	不锈钢接收笼	—	个	1200.00	0.008	0.008	0.008
	其他材料费	—	元	1.00	256.950	318.770	350.730

类别	名称	规格	单位	单价(元)	消耗量		
机械	翻转设备	—	台班	18000.00	0.034	0.034	0.034
	冷藏车	—	台班	704.65	0.003	0.003	0.003
	树脂搅拌器	—	个	345.00	0.010	0.010	0.010
	空气压缩机	$6m^3/min$	台班	241.13	0.034	0.034	0.034
	平板拖车组	15t	台班	1492.37	0.006	0.006	0.006
	柴油发电机	50kW	台班	950.00	0.043	0.043	0.043
	汽车起重机	16t	台班	1200.00	0.000	0.000	0.000
		25t	台班	1500.00	0.017	0.017	0.017
	载重汽车	5t	台班	436.97	0.006	0.006	0.006
		10t	台班	1000.00	0.000	0.000	0.000
		20t	台班	1500.00	0.017	0.017	0.017
	其他机具费	—	元	1.00	1.400	1.400	1.400

3.7.3 采用机器人从内部开通支管

工作内容包括:管道采用机器人从内壁支管处开孔。

采用机器人从内部开通支管的消耗量计价标准见表3-45。

采用机器人从内部开通支管消耗量计价标准 表3-45

项目名称					采用机器人从内部开通支管	
计量单位					处	
定额编号					3-12-1	3-12-2
管道直径					DN300~DN500	DN600~DN800
基价(元)					11348.10	14948.10
其中	人工费(元)				540.00	540.00
	机械费(元)				10808.10	14408.10
类别	名称	规格	单位	单价(元)	消耗量	
人工	人工	—	工日	180.00	3.000	3.000
机械	铣刀机器人设备	—	台班	18000.00	0.600	0.800
	其他机具费	—	元	1.00	8.100	8.100

3.7.4 端口密封处理

工作内容包括:端口位置安装内胀环。

端口安装内胀环的消耗量计价标准见表3-46。

端口安装内胀环消耗量计价标准 表3-46

项目名称		端口安装内胀环		
计量单位		处		
定额编号		3-13-1	3-13-2	3-13-3

管道直径					DN500以下	DN500～DN1000	DN1000以上
基价(元)					1426.16	2268.45	3569.74
其中	人工费(元)				360.00	540.00	720.00
	材料费(元)				765.00	1326.00	2346.00
	机械费(元)				301.16	402.45	503.74
类别	名称	规格	单位	单价(元)		消耗量	
人工	综合人工	—	工日	180.00	2.000	3.000	4.000
材料	不锈钢压环	DN500以下	个	750.00	1.000	0.000	0.000
		DN500～DN1000	个	1300.00	0.000	1.000	0.000
		DN1000以上	个	2300.00	0.000	0.000	1.000
	其他材料费	—	元	1.00	15.000	26.000	46.000
机械	柴油发电机	50kW	台班	950.00	0.300	0.400	0.500
	空气压缩机	0.6m³/min	台班	35.87	0.300	0.400	0.500
	其他机具费	—	元	1.00	5.400	8.100	10.800

3.8 叠层原位固化法

叠层原位固化法是一种应用于给水压力管道的原位固化非开挖修复工艺，组合了传统的紫外光固化和蒸汽固化两种工艺，利用不同材料特性实现不同的功能。

首先，在预处理好的旧管道内，拉入一条玻璃纤维预浸软管，通过紫外光固化形成与旧管道内壁紧贴的高强度内衬管；其次，将聚乙烯涤纶复合软管浸润环氧树脂形成预浸软管，采用气压翻转方式将预浸软管内而外翻转至紫外光固化的内衬管内，蒸汽固化并紧密粘结形成新的复合内衬管。复合内衬管外层为玻璃纤维增强材质，起结构支撑作用，中间层为环氧树脂与涤纶材质，内层为聚乙烯材质，直接与水接触。

叠层原位固化法工作内容包括：管道预处理、叠层原位固化施工（包括结构层紫外光固化施工和翻转式蒸汽固化施工）、端口密封处理等。

管道预处理涉及的CCTV检测、气囊安装与拆除、管壁清洗、管壁铣削、结垢物清除、管道内积水抽除相关的计价标准参见本书第1章管道预处理部分。

3.8.1 叠层原位固化施工

叠层原位固化施工消耗量计价标准见表3-47～表3-50。

3.8.1.1 DN400

叠层原位固化施工消耗量计价标准（DN400） 表3-47

项目名称		叠层原位固化施工
计量单位		m
定额编号		3-14-1
管道直径		DN400
基价(元)		7456.87
其中	人工费(元)	187.92
	材料费(元)	5664.43
	机械费(元)	1604.52

分类	名称	规格	单位	单价(元)	消耗量
人工	人工	—	工日	180.00	1.044
材料	叠层玻璃纤维预浸软管	DN400×4mm	m	3503.74	1.025
	叠层聚乙烯涤纶复合预浸软管	DN400×3.5mm	m	1849.12	1.050
	底膜	DN400	m	14.56	1.020
	扎头布	DN400	块	250.01	0.010
	涤纶编织软管	DN400×3mm	m	62.13	0.050
	其他材料费	—	元	1.00	111.070
机械	紫外光固化修复一体车	—	台班	8500.00	0.067
	蒸汽固化翻转一体车	—	台班	7700.00	0.065
	浸渍压料一体车	—	台班	2030.12	0.037
	CCTV检测设备	—	台班	1500.00	0.056
	高压水清洗车	6m³	台班	2000.00	0.059
	轴流风机	7.5kW	台班	100.00	0.025
	液压牵引机	50kN	台班	450.00	0.067
	空气压缩机	9m³/min	台班	428.02	0.046
	气体检测仪	—	台班	80.00	0.043
	柴油发电机	60kW	台班	1200.00	0.043
	下料机	—	台班	2413.79	0.037
	长管式呼吸器	—	台班	106.39	0.004
	叉车	10t	台班	1007.99	0.028
	载重汽车	2t	台班	291.91	0.028
		8t	台班	752.78	0.028
	其他机具费	—	元	1.00	2.820

3.8.1.2 DN500～DN700

叠层原位固化施工消耗量计价标准（DN500～DN700）　　表3-48

项目名称				叠层原位固化施工		
计量单位				m		
定额编号				3-14-2	3-14-3	3-14-4
管道直径				DN500	DN600	DN700
基价(元)				8961.93	9979.24	11700.81
其中	人工费(元)			204.12	208.08	224.28
	材料费(元)			7118.26	8052.21	9654.10
	机械费(元)			1639.55	1718.95	1822.43

分类	名称	规格	单位	单价(元)		消耗量	
人工	人工	—	工日	180.00	1.134	1.156	1.246
材料	叠层玻璃纤维预浸软管	DN500×5mm	m	4343.78	1.025	0.000	0.000
		DN600×6mm	m	4869.12	0.000	1.025	0.000
		DN700×7mm	m	5807.56	0.000	0.000	1.025
	叠层聚乙烯涤纶复合预浸软管	DN500×3.5mm	m	2380.00	1.050	0.000	0.000
		DN600×3.5mm	m	2732.12	0.000	1.050	0.000
		DN700×3.5mm	m	3305.12	0.000	0.000	1.050

分类	名称	规格	单位	单价(元)	消耗量		
材料	底膜	DN500	m	19.11	1.020	0.000	0.000
		DN600	m	23.65	0.000	1.020	0.000
		DN700	m	28.03	0.000	0.000	1.020
	扎头布	DN500	块	264.34	0.010	0.000	0.000
		DN600	块	281.93	0.000	0.010	0.000
		DN700	块	296.95	0.000	0.000	0.010
	涤纶编织软管	DN500×3mm	m	103.59	0.050	0.000	0.000
		DN600×3mm	m	156.23	0.000	0.050	0.000
		DN700×3mm	m	202.36	0.000	0.000	0.050
	其他材料费	—	元	1.00	139.570	157.890	189.300
机械	紫外光固化修复一体车	—	台班	8500.00	0.069	0.072	0.075
	蒸汽固化翻转一体车	—	台班	7700.00	0.066	0.070	0.077
	浸渍压料一体车	—	台班	2030.12	0.037	0.037	0.037
	CCTV检测设备	—	台班	1500.00	0.056	0.056	0.056
	高压水清洗车	6m³	台班	2000.00	0.060	0.063	0.068
	轴流风机	7.5kW	台班	100.00	0.028	0.030	0.033
	液压牵引机	50kN	台班	450.00	0.069	0.072	0.075
	空气压缩机	9m³/min	台班	428.02	0.046	0.046	0.046
	柴油发电机	60kW	台班	1200.00	0.047	0.053	0.058
	气体检测仪	—	台班	80.00	0.043	0.043	0.043
	下料机	—	台班	2413.79	0.037	0.037	0.037
	长管式呼吸器	—	台班	106.39	0.004	0.004	0.004
	叉车	10t	台班	1007.99	0.028	0.030	0.032
	载重汽车	2t	台班	291.91	0.030	0.036	0.040
		8t	台班	752.78	0.030	0.036	0.040
	其他机具费	—	元	1.00	3.060	3.120	3.360

3.8.1.3 DN800～DN1000

叠层原位固化施工消耗量计价标准（DN800～DN1000）　　表3-49

项目名称	叠层原位固化施工			
计量单位	m			
定额编号	3-14-5	3-14-6	3-14-7	
管道直径	DN800	DN900	DN1000	
基价(元)	12964.84	15326.76	17239.75	
其中	人工费(元)	246.24	267.12	279.00
	材料费(元)	10807.22	13045.92	14833.66
	机械费(元)	1911.38	2013.72	2127.09

分类	名称	规格	单位	单价(元)	消耗量		
人工	人工	—	工日	180.00	1.368	1.484	1.55
材料	叠层玻璃纤维预浸软管	DN800×8mm	m	6625.77	1.025	0.000	0.000
		DN900×9mm	m	8008.39	0.000	1.025	0.000
		DN1000×9mm	m	9003.63	0.000	0.000	1.025

分类	名称	规格	单位	单价(元)	消耗量		
材料	叠层聚乙烯涤纶复合预浸软管	DN800×3.5mm	m	3578.03	1.050	0.000	0.000
		DN900×3.5mm	m	4312.69	0.000	1.050	0.000
		DN1000×3.5mm	m	5004.11	0.000	0.000	1.050
	底膜	DN800	m	31.12	1.020	0.000	0.000
		DN900	m	35.11	0.000	1.020	0.000
		DN1000	m	38.79	0.000	0.000	1.020
	扎头布	DN800	块	311.54	0.010	0.000	0.000
		DN900	块	326.56	0.000	0.010	0.000
		DN1000	块	341.58	0.000	0.000	0.010
	涤纶编织软管	DN800×3mm	m	242.15	0.050	0.000	0.000
		DN900×3mm	m	282.35	0.000	0.050	0.000
		DN1000×3mm	m	335.65	0.000	0.000	0.050
	其他材料费	—	元	1.00	211.910	255.800	290.860
机械	紫外光固化修复一体车	—	台班	8500.00	0.081	0.088	0.095
	蒸汽固化翻转一体车	—	台班	7700.00	0.079	0.082	0.085
	浸渍压料一体车	—	台班	2030.12	0.037	0.037	0.037
	CCTV检测设备	—	台班	1500.00	0.056	0.056	0.056
	高压水清洗车	6m³	台班	2000.00	0.071	0.075	0.080
	轴流风机	7.5kW	台班	100.00	0.035	0.037	0.040
	液压牵引机	50kN	台班	450.00	0.081	0.088	0.095
	空气压缩机	9m³/min	台班	428.02	0.046	0.046	0.046
	柴油发电机	60kW	台班	1200.00	0.064	0.069	0.073
	气体检测仪	—	台班	80.00	0.043	0.043	0.043
	下料机	—	台班	2413.79	0.037	0.037	0.037
	长管式呼吸器	—	台班	106.39	0.004	0.004	0.004
	叉车	10t	台班	1007.99	0.036	0.0339	0.042
	载重汽车	2t	台班	291.91	0.042	0.046	0.050
		8t	台班	752.78	0.042	0.046	0.050
	其他机具费	—	元	1.00	3.690	4.010	4.190

3.8.1.4 DN1100～DN1200

叠层原位固化施工消耗量计价标准（DN1100～DN1200）　　　　表 3-50

项目名称	叠层原位固化施工	
计量单位	m	
定额编号	3-14-8	3-14-9
管道直径	DN1100	DN1200
基价(元)	18539.14	21198.01
其中　人工费(元)	293.04	316.98
材料费(元)	16291.74	18828.25
机械费(元)	1954.36	2052.78

分类	名称	规格	单位	单价(元)	消耗量	
人工	人工	—	工日	180.00	1.628	1.761
材料	叠层玻璃纤维预浸软管	DN1100×11mm	m	9846.71	1.025	0.000
		DN1200×12mm	m	11370.12	0.000	1.025
	叠层聚乙烯涤纶复合预浸软管	DN1100×3.5mm	m	5532.11	1.050	0.000
		DN1200×3.5mm	m	6402.23	0.000	1.05
	底膜	DN1100	m	46.11	1.020	0.000
		DN1200	m	53.74	0.000	1.020
	扎头布	DN1100	块	357.56	0.010	0.000
		DN1200	块	371.61	0.000	0.010
	涤纶编织软管	DN1100×3mm	m	401.78	0.050	0.000
		DN1200×3mm	m	476.56	0.000	0.050
	其他材料费	—	元	1.00	319.450	369.180
机械	紫外光固化修复一体车	—	台班	8500.00	0.098	0.103
	蒸汽固化翻转一体车	—	台班	4701.90	0.089	0.096
	浸渍压料一体车	—	台班	2030.12	0.037	0.037
	CCTV检测设备	—	台班	1500.00	0.056	0.056
	高压水清洗车	6m³	台班	2000.00	0.083	0.086
	轴流风机	7.5kW	台班	100.00	0.043	0.046
	液压牵引机	50kN	台班	450.00	0.098	0.103
	空气压缩机	9m³/min	台班	428.02	0.046	0.046
	柴油发电机	60kW	台班	1200.00	0.076	0.080
	气体检测仪	—	台班	80.00	0.043	0.043
	下料机	—	台班	2413.79	0.037	0.037
	长管式呼吸器	—	台班	106.39	0.004	0.004
	叉车	10t	台班	1007.99	0.064	0.067
	载重汽车	2t	台班	291.91	0.054	0.060
		8t	台班	752.78	0.054	0.060
	其他机具费	—	元	1.00	4.400	4.750

3.8.2 端口密封处理

说明：

（1）叠层原位固化法内衬管端口密封、加固工程量按"处"计算。

（2）原有管端口连接的法兰及焊接（或伸缩速甲、内插密封组件）、法兰短管、抱箍等管件不含在本消耗量编制范围，费用计取参照当地给水管道管件制作安装消耗量标准执行。

工作内容包括：内衬切割、打磨、环氧密封胶涂抹、橡胶圈安装、不锈钢环安装、压力检验、复查、现场清理等。

叠层原位固化法端口密封处理的消耗量计价标准见表3-51～表3-54。

3.8.2.1 DN400

叠层原位固化法端口密封处理消耗量计价标准（DN400）　　表 3-51

项目名称					叠层原位固化法端口密封处理
计量单位					处
定额编号					3-15-1
管道直径					DN400
基价（元）					34520.95
其中	人工费（元）				637.56
	材料费（元）				33751.26
	机械费（元）				132.13
分类	名称	规格	单位	单价（元）	消耗量
人工	人工	—	工日	180.00	3.542
材料	EPDM 橡胶圈	DN400	件	17451.02	1.020
	不锈钢胀圈	DN400	件	5032.43	3.020
	环氧树脂固化剂混合料		kg	45.07	2.030
	其他材料费	—	元	1.00	661.790
机械	液压千斤顶提升	≤200t	台班	297.45	0.167
	轴流风机	7.5kW	台班	100.00	0.028
	气体检测仪	—	台班	80.00	0.043
	柴油发电机	60kW	台班	1200.00	0.043
	载货汽车	8t	台班	752.78	0.020
	其他机具费	—	元	1.00	9.560

3.8.2.2 DN500～DN700

叠层原位固化法端口密封处理消耗量计价标准（DN500～DN700）　　表 3-52

项目名称					叠层原位固化法端口密封处理		
计量单位					处		
定额编号					3-15-2	3-15-3	3-15-4
管道直径					DN500	DN600	DN700
基价（元）					38919.06	42259.44	45610.31
其中	人工费（元）				655.74	670.86	703.08
	材料费（元）				38123.25	41440.15	44747.76
	机械费（元）				140.07	148.43	159.47
分类	名称	规格	单位	单价（元）	消耗量		
人工	人工	—	工日	180.00	3.643	3.727	3.906
材料	EPDM 橡胶圈	DN500	件	20236.23	1.020	0.000	0.000
		DN600	件	21923.12	0.000	1.020	0.000
		DN700	件	23456.12	0.000	0.000	1.020
	不锈钢胀圈	DN500	件	5503.56	3.020	0.000	0.000
		DN600	件	6003.13	0.000	3.020	0.000
		DN700	件	6551.66	0.000	0.000	3.020
	环氧树脂固化剂混合料	—	kg	45.07	2.530	3.030	3.530
	其他材料费	—	元	1.00	747.510	812.550	877.410

分类	名称	规格	单位	单价(元)	消耗量		
机械	液压千斤顶提升	≤200t	台班	297.45	0.167	0.167	0.167
	轴流风机	7.5kW	台班	100.00	0.030	0.033	0.036
	气体检测仪	—	台班	80.00	0.048	0.054	0.060
	柴油发电机	60kW	台班	1200.00	0.047	0.050	0.055
	载货汽车	8t	台班	752.78	0.023	0.028	0.033
	其他机具费	—	元	1.00	9.840	10.060	10.550

3.8.2.3 DN800～DN1000

叠层原位固化法端口密封处理消耗量计价标准（DN800～DN1000） 表 3-53

项目名称					叠层原位固化法端口密封处理		
计量单位					处		
定额编号					3-15-5	3-15-6	3-15-7
管道直径					DN800	DN900	DN1000
基价(元)					48114.41	51578.94	56364.09
其中	人工费(元)				736.74	769.50	789.12
	材料费(元)				47215.93	50639.61	55399.64
	机械费(元)				161.74	169.83	175.33

分类	名称	规格	单位	单价(元)	消耗量		
人工	人工	—	工日	180.00	4.093	4.275	4.384
材料	EPDM橡胶圈	DN800	件	25363.87	1.020	0.000	0.000
		DN900	件	27430.75	0.000	1.020	0.000
		DN1000	件	29848.36	0.000	0.000	1.020
	不锈钢胀圈	DN800	件	6701.11	3.020	0.000	0.000
		DN900	件	7107.00	0.000	3.020	0.000
		DN1000	件	7828.26	0.000	0.000	3.020
	环氧树脂固化剂混合料	—	kg	45.07	4.030	4.530	5.030
	其他材料费		元	1.00	925.800	992.930	1086.270
机械	液压千斤顶提升	≤200t	台班	297.45	0.167	0.167	0.167
	轴流风机	7.5kW	台班	100.00	0.040	0.043	0.046
	气体检测仪	—	台班	80.00	0.064	0.067	0.070
	柴油发电机	60kW	台班	1200.00	0.054	0.058	0.060
	载货汽车	8t	台班	752.78	0.036	0.039	0.042
	其他机械费	—	元	1.00	11.050	11.540	11.840

3.8.2.4 DN1100～DN1200

叠层原位固化法端口密封处理消耗量计价标准（DN1100～DN1200） 表 3-54

项目名称	叠层原位固化法端口密封处理	
计量单位	处	
定额编号	3-15-8	3-15-9
管道直径	DN1100	DN1200
基价(元)	58419.28	62535.76

其中	人工费(元)					801.90	836.28
	材料费(元)					57436.58	61511.77
	机械费(元)					180.80	187.71

分类	名称	规格	单位	单价(元)	消耗量	
人工	人工	—	工日	180.00	4.455	4.646
材料	EPDM 橡胶圈	DN1100	件	31236.78	1.020	0.000
		DN1200	件	33287.36	0.000	1.020
	不锈钢胀圈	DN1100	件	8013.12	3.020	0.000
		DN1200	件	8636.02	0.000	3.020
	环氧树脂固化剂混合料	—	kg	45.07	5.530	6.030
	其他材料费	—	元	1.00	1126.210	1206.110
机械	液压千斤顶提升	≤200t	台班	297.45	0.167	0.167
	轴流风机	7.5kW	台班	100.00	0.049	0.052
	气体检测仪	—	台班	80.00	0.074	0.077
	柴油发电机	60kW	台班	1200.00	0.062	0.065
	载货汽车	8t	台班	752.78	0.045	0.048
	其他机具费	—	元	1.00	12.030	12.540

3.9 不锈钢内衬法

不锈钢内衬法是在原管道内将不锈钢管坯拼接并焊接为内衬管的方法。

本计价标准计价内容包括：设备运输、安装和拆卸、管道强制通风、有毒气体检测、不锈钢板材开屏和切边、不锈钢板材卷圆、二次运输、管坯布设、胀圆贴实、点焊定位、焊点加密、纵向环向焊缝氩弧焊焊接、端口处理、焊缝检验（自检）、着色剂渗透检测（自检）、焊缝酸洗及钝化、管道清洗、消毒。

本计价标准计价内容未包括：工作坑开挖、断管、回填、支护、围挡、管道预清洗、管道预处理、工作坑管道恢复、压力实验、路面恢复等。以上部分可参照本书其他相应章节及相应计价标准计价。

说明：

（1）若管道含有弯头内衬，弯头内衬计价为弧度长度乘以 2.8 倍系数；

（2）若管道含有三通内衬，DN500 及以下三通内衬计价为有效长度乘以 2.5 倍系数；DN500 以上三通内衬计价为有效长度乘以 3.5 倍系数；

不锈钢内衬法修复消耗量计价标准见表 3-55、表 3-56。

3.9.1 DN800～DN1000

不锈钢内衬法修复消耗量计价标准（DN800～DN1000） 表 3-55

项目名称	不锈钢内衬法修复		
计量单位	m		
定额编号	3-16-1	3-16-2	3-16-3
管道直径	DN800	DN900	DN1000
基价(元)	3051.80	3250.60	3816.32

其中	人工费(元)					1135.80	1168.20	1251.00
	材料费(元)					1009.59	1129.26	1517.87
	机械费(元)					906.41	953.14	1047.45

类别	名称	规格	单位	单价(元)	消耗量		
人工	人工	—	工日	180.00	6.310	6.490	6.950
材料	不锈钢板材	06Gr19Ni10 1.5mm 厚	kg	19.00	33.600	0.000	0.000
		06Gr19Ni10 1.5mm 厚	kg	19.00	0.000	37.720	0.000
		06Gr19Ni10 2.0mm 厚	kg	19.00	0.000	0.000	55.780
	氩气	—	瓶	120.00	0.040	0.050	0.050
	不锈钢焊丝	—	kg	95.00	1.630	1.760	1.890
	钢制转换甲	—	套	7800.00	0.010	0.012	0.014
	着色剂/渗透剂	—	套	560.00	0.120	0.130	0.140
	酸洗膏	—	kg	65.00	0.070	0.080	0.090
	钝化膏	—	kg	65.00	0.070	0.080	0.090
	防爆带	—	kg	12.00	3.120	3.370	3.620
	其他材料费	—	元	1.00	19.800	22.140	29.760
机械	切边机	—	台班	200.00	0.100	0.100	0.120
	卷板机	—	台班	200.00	0.150	0.150	0.160
	螺旋胀管器	—	台班	170.00	0.300	0.300	0.400
	液压胀管器	—	台班	210.00	0.200	0.200	0.300
	气体检测仪	—	台班	80.00	0.400	0.420	0.450
	电动运板车	—	台班	280.00	0.130	0.130	0.130
	焊接车	—	台班	160.00	1.000	1.080	1.160
	氩弧焊机	—	台班	198.00	1.000	1.080	1.160
	轴流风机	7.5kW	台班	100.00	0.300	0.350	0.400
	污水泵	φ100	台班	150.00	0.100	0.110	0.130
	汽车起重机	5t	台班	654.67	0.300	0.300	0.300
	CCTV 检测设备	—	台班	1500.00	0.005	0.005	0.005
	长管式呼吸器	—	台班	52.50	0.250	0.250	0.260
	柴油发电机	50kW	台班	950.00	0.050	0.060	0.070
	载重汽车	2t	台班	291.91	0.010	0.010	0.010
		8t	台班	752.78	0.010	0.010	0.010
	其他机具费	—	元	1.00	17.040	17.520	18.770

3.9.2 DN1200～DN1600

不锈钢内衬法修复消耗量计价标准（DN1200～DN1600）

表 3-56

类别	名称	规格	单位	单价（元）	消耗量		
	项目名称				不锈钢内衬法修复		
	计量单位				m		
	定额编号				3-16-4	3-16-5	3-16-6
	管道直径				DN1200	DN1400	DN1600
	基价（元）				4113.01	5053.83	6374.99
其中	人工费（元）				1420.20	1589.40	2023.20
	材料费（元）				1738.29	2386.72	3143.54
	机械费（元）				954.52	1077.71	1208.25
人工	人工	—	工日	180.00	7.890	8.830	11.240
材料	不锈钢板材	06Gr19Ni10 2.0mm 厚	kg	19.00	66.760	0.000	0.000
		06Gr19Ni10 2.5mm 厚	kg	19.00	0.000	97.180	0.000
		06Gr19Ni10 3.0mm 厚	kg	19.00	0.000	0.000	133.080
	氩气	—	瓶	120.00	0.060	0.060	0.070
	不锈钢焊丝	—	kg	95.00	2.150	2.400	2.660
	钢制转换甲	—	套	7800.00	0.010	0.012	0.014
	着色剂/渗透剂	—	套	560.00	0.150	0.170	0.190
	酸洗膏	—	kg	65.00	0.100	0.110	0.120
	钝化膏	—	kg	65.00	0.100	0.110	0.120
	防爆带	—	kg	12.00	4.110	4.600	5.090
	其他材料费	—	元	1.00	34.080	46.800	61.640
机械	切边机	—	台班	200.00	0.120	0.140	0.160
	卷板机	—	台班	200.00	0.160	0.180	0.200
	螺旋胀管器	—	台班	170.00	0.400	0.500	0.600
	液压胀管器	—	台班	210.00	0.300	0.350	0.400
	气体检测仪	—	台班	80.00	0.490	0.550	0.620
	电动运板车	—	台班	280.00	0.140	0.160	0.180
	焊接车	—	台班	160.00	1.320	1.470	1.630
	氩弧焊机	—	台班	198.00	1.320	1.470	1.630
	轴流风机	7.5kW	台班	100.00	0.450	0.510	0.560
	污水泵	φ100	台班	150.00	0.150	0.180	0.210
	汽车起重机	5t	台班	654.67	0.030	0.030	0.030
	CCTV检测设备	—	台班	1500.00	0.005	0.005	0.005
	长管式呼吸器	—	台班	52.50	0.270	0.290	0.310
	柴油发电机	50kW	台班	950.00	0.080	0.090	0.100
	载重汽车	2t	台班	291.91	0.010	0.010	0.010
		8t	台班	752.78	0.010	0.010	0.010
	其他机具费	—	元	1.00	21.300	23.840	30.350

3.10 聚氨酯涂料喷涂法

聚氨酯涂料喷涂法是利用喷涂（筑）机器人或人工喷涂（筑）聚氨酯涂料，对给水管网等进行结构增强、功能修复或管材防腐的工艺技术。

工作内容包括：管道底层处理、烘干、喷涂施工。

说明：

（1）聚氨酯涂料喷涂法中修复厚度与表中数值不同时，参考每增减 1mm 厚度的对应价格；

（2）本定额不包括工作坑开挖（回填）、地下管线检测、基坑支护、施工降排水、临时供水管道安装及拆除、断管、断点连接、功能性或结构性试验，清洗和消毒等工作消耗量，不包含设备材料场的长途运输、进出场、管道周围环境勘查和相邻管线探测与保护、掘路与恢复、路面破除垃圾和管道积垢清理物的外运及处理、安全文明及与环保有关的措施等工作量。关于管道预处理的消耗量定额参见本书第 1 章。

3.10.1 底层处理

工作内容包括：针对混凝土管道内壁孔隙问题，采用硅基渗透剂材料进行表面密封工作处理。主要工序是：准备工作、通风、照明、清理、调制渗透材料、涂覆至混凝土基面饱和、清理场地。实际需根据修复管道情况进行设计分析来决定使用此底层处理工法。

聚氨酯涂料喷涂法修复混凝土管道底层处理消耗量计价标准见表 3-57。

聚氨酯涂料喷涂法修复混凝土管道底层处理消耗量计价标准　　表 3-57

项目名称					聚氨酯涂料喷涂法修复混凝土管道底层处理	
计量单位					m²	
定额编号					3-17-1	3-17-2
管道直径					DN800 以下	DN800 及以上
基价					265.89	226.73
其中	人工费（元）				45.00	54.00
	材料费（元）				90.68	90.68
	机械费（元）				130.21	82.10
类别	名称	规格	单位	单价（元）	消耗量	
人工	人工	—	工日	180.00	0.250	0.300
材料	硅基界面处理剂	—	L	100.00	0.560	0.560
	水泥防水砂浆	—	m³	676.80	0.039	0.039
	其他材料费	—	元	1.00	8.280	8.280
机械	轴流风机	7.5kW	台班	100.00	0.222	0.250
	搅拌机	200L	台班	253.47	0.222	0.222
	单组分喷涂机	—	台班	230.00	0.222	0.000
	其他机具费	—	元	1.00	0.680	0.780

3.10.2 喷涂施工

聚氨酯涂料喷涂法修复消耗量计价标准见表 3-58～表 3-63。

3.10.2.1 DN200～DN400

聚氨酯涂料喷涂法修复消耗量计价标准（DN200～DN400）　　　　　表 3-58

项目名称					聚氨酯涂料喷涂修复		
计量单位					m		
定额编号					3-18-1	3-18-2	3-18-3
管径直径					DN200	DN300	DN400
厚度					4mm	4mm	5mm
基价					2288.39	2971.77	4366.43
其中	人工费(元)				22.68	33.84	45.18
	材料费(元)				1182.54	1777.31	2944.31
	机械费(元)				1083.17	1160.62	1376.94
	每增减1mm厚度(元)				572.10	742.94	1091.61
类别	名称	规格	单位	单价(元)	消耗量		
人工	人工	—	工日	180.00	0.126	0.188	0.251
材料	聚氨酯涂料	—	L	425.00	2.660	4.020	6.700
	丙酮	—	kg	10.00	0.062	0.093	0.124
	二辛酯	—	kg	19.00	0.073	0.110	0.147
	水	—	m³	5.82	0.004	0.006	0.008
	拉耙	φ210	个	600.00	0.010	0.000	0.000
		φ310	个	700.00	0.000	0.010	0.000
		φ410	个	800.00	0.000	0.000	0.010
	抓耙	φ210	个	600.00	0.010	0.000	0.000
		φ310	个	700.00	0.000	0.010	0.000
		φ410	个	800.00	0.000	0.000	0.010
	钢丝耙	φ210	个	600.00	0.010	0.000	0.000
		φ310	个	700.00	0.000	0.010	0.000
		φ410	个	800.00	0.000	0.000	0.010
	海绵辊	φ210	个	600.00	0.010	0.000	0.000
		φ310	个	700.00	0.000	0.010	0.000
		φ410	个	800.00	0.000	0.000	0.010
	旋杯	—	个	2000.00	0.001	0.001	0.001
	防水衣裤	—	套	160.00	0.004	0.004	0.004
	电	—	kW·h	0.90	0.200	0.300	0.400
	其他材料费	—	元	1.00	23.190	34.850	57.730
机械	高分子喷涂修复工程车	—	台班	9500.00	0.051	0.055	0.066
	CCTV检测设备	—	台班	1500.00	0.033	0.033	0.033
	高压疏通车	8000L	台班	3060.00	0.002	0.002	0.002
	气体检测仪	—	台班	80.00	0.022	0.026	0.036
	长管式呼吸器	—	台班	1130.45	0.004	0.004	0.004
	污水泵	φ100	台班	500.00	0.022	0.026	0.036
	电动卷扬机	20kN	台班	300.00	0.051	0.055	0.066
	电动葫芦	2t	台班	34.42	0.022	0.026	0.036

类别	名称	规格	单位	单价(元)	消耗量		
机械	鼓风机	18m³/min	台班	222.41	0.051	0.055	0.066
	轴流风机	7.5kW	台班	100.00	0.051	0.055	0.066
	轴流烘干机	30kW	台班	250.00	0.051	0.055	0.066
	管道喷涂修复机器人	—	台班	8000.00	0.051	0.055	0.066
	对讲机	5km	对	5.29	0.022	0.026	0.036
	叉式起重机	5t	台班	557.45	0.055	0.056	0.062
	载重汽车	8t	台班	752.78	0.055	0.056	0.062
	其他机具费	—	元	1.00	0.340	0.510	0.680

3.10.2.2 DN500～DN700

聚氨酯涂料喷涂法修复消耗量计价标准（DN500～DN700）　　表3-59

项目名称					聚氨酯涂料喷涂修复		
计量单位					m		
定额编号					3-18-4	3-18-5	3-18-6
管径直径					DN500	DN600	DN700
厚度					5mm	5mm	5mm
基价					5290.02	6618.47	7508.17
其中	人工费(元)				84.78	101.70	118.62
	材料费(元)				3669.90	4412.06	5149.89
	机械费(元)				1535.34	2104.71	2239.66
	每增减1mm厚度(元)				1058.00	1323.69	1501.63
类别	名称	规格	单位	单价(元)	消耗量		
人工	人工	—	工日	180.00	0.471	0.565	0.659
材料	聚氨酯涂料	—	L	425.00	8.390	10.090	11.780
	丙酮	—	kg	10.00	0.155	0.187	0.218
	二辛酯	—	kg	19.00	0.184	0.220	0.257
	水	—	m³	5.82	0.010	0.012	0.014
	拉耙	φ210	个	600.00	0.010	0.000	0.000
		φ310	个	700.00	0.000	0.010	0.000
		φ410	个	800.00	0.000	0.000	0.010
	抓耙	φ210	个	600.00	0.010	0.000	0.000
		φ310	个	700.00	0.000	0.010	0.000
		φ410	个	800.00	0.000	0.000	0.010
	钢丝耙	φ210	个	600.00	0.010	0.000	0.000
		φ310	个	700.00	0.000	0.010	0.000
		φ410	个	800.00	0.000	0.000	0.010
	海绵辊	φ210	个	600.00	0.010	0.000	0.000
		φ310	个	700.00	0.000	0.010	0.000
		φ410	个	800.00	0.000	0.000	0.010
	旋杯	—	个	2000.00	0.001	0.001	0.001
	防水衣裤	—	套	160.00	0.004	0.004	0.004
	电	—	kW·h	0.90	0.500	0.600	0.700
	其他材料费	—	元	1.00	71.960	86.510	100.980

类别	名称	规格	单位	单价(元)	消耗量		
机械	高分子喷涂修复工程车	—	台班	9500.00	0.073	0.102	0.109
	CCTV检测设备	—	台班	2075.74	0.033	0.033	0.033
	高压疏通车	8000L	台班	3060.00	0.002	0.002	0.002
	气体检测仪	—	台班	80.00	0.044	0.073	0.080
	长管式呼吸器	—	台班	1130.45	0.004	0.004	0.004
	污水泵	φ100	台班	500.00	0.044	0.073	0.080
	电动卷扬机	20kN	台班	300.00	0.073	0.102	0.105
	电动葫芦	2t	台班	34.42	0.044	0.073	0.080
	鼓风机	18m³/min	台班	222.41	0.073	0.102	0.105
	轴流风机	7.5kW	台班	100.00	0.073	0.102	0.105
	轴流烘干机	30kW	台班	250.00	0.073	0.102	0.105
	管道喷涂修复机器人	—	台班	8000.00	0.073	0.102	0.109
	对讲机	5km	对	5.29	0.044	0.073	0.080
	叉式起重机	5t	台班	557.45	0.066	0.080	0.084
	载重汽车	8t	台班	752.78	0.066	0.080	0.084
	其他机具费	—	元	1.00	1.270	1.530	1.780

3.10.2.3 DN800～DN1000

聚氨酯涂料喷涂法修复消耗量计价标准（DN800～DN1000） 表3-60

项目名称					聚氨酯涂料喷涂修复		
计量单位					m		
定额编号					3-18-7	3-18-8	3-18-9
管径直径					DN800	DN900	DN1000
厚度					6mm	6mm	6mm
基价					9629.41	10752.19	11859.25
其中	人工费(元)				158.22	178.02	197.82
	材料费(元)				7072.20	7955.38	8842.88
	机械费(元)				2398.99	2618.79	2818.55
	每增减1mm厚度(元)				1604.90	1792.03	1976.54
类别	名称	规格	单位	单价(元)	消耗量		
人工	人工	—	工日	180.00	0.879	0.989	1.099
材料	聚氨酯涂料	—	L	425.00	16.160	18.190	20.230
	丙酮	—	kg	10.00	0.249	0.280	0.311
	二辛酯	—	kg	19.00	0.294	0.331	0.367
	水	—	m³	5.82	0.016	0.018	0.020
	拉耙	φ810	个	1200.00	0.010	0.010	0.010
	抓耙	φ810	个	1200.00	0.010	0.010	0.010
	钢丝耙	φ810	个	1200.00	0.010	0.010	0.010
	海绵辊	φ810	个	1200.00	0.010	0.010	0.010
	磨片	—	片	200.00	0.030	0.040	0.050
	旋杯	—	个	2000.00	0.001	0.001	0.001
	防水衣裤	—	套	160.00	0.004	0.004	0.004
	电	—	kW·h	0.90	0.800	0.900	1.000
	其他材料费	—	元	1.00	138.670	155.990	173.390

类别	名称	规格	单位	单价(元)	消耗量		
机械	高分子喷涂修复工程车	—	台班	9500.00	0.117	0.128	0.138
	CCTV检测设备	—	台班	2075.74	0.033	0.033	0.033
	高压疏通车	8000L	台班	3060.00	0.002	0.002	0.002
	气体检测仪	—	台班	80.00	0.087	0.101	0.113
	长管式呼吸器	—	台班	1130.45	0.004	0.004	0.004
	污水泵	ϕ100	台班	500.00	0.087	0.101	0.113
	电动卷扬机	20kN	台班	300.00	0.117	0.129	0.141
	电动葫芦	2t	台班	34.42	0.087	0.101	0.113
	鼓风机	18m³/min	台班	222.41	0.117	0.129	0.141
	轴流风机	7.5kW	台班	100.00	0.117	0.129	0.141
	轴流烘干机	30kW	台班	250.00	0.117	0.129	0.141
	管道喷涂修复机器人	—	台班	8000.00	0.117	0.128	0.138
	对讲机	5km	对	5.29	0.087	0.101	0.113
	叉式起重机	5t	台班	557.45	0.087	0.093	0.098
	载重汽车	8t	台班	752.78	0.087	0.093	0.098
	其他机具费	—	元	1.00	2.370	2.670	2.970

3.10.2.4 DN1200～DN1500

聚氨酯涂料喷涂法修复消耗量计价标准（DN1200～DN1500）　　　　表 3-61

	项目名称				聚氨酯涂料喷涂修复		
	计量单位				m		
	定额编号				3-18-10	3-18-11	3-18-12
	管径直径				DN1200	DN1400	DN1500
	厚度				6mm	6mm	6mm
	基价				13953.33	16296.04	17492.01
其中	人工费(元)				237.42	277.02	296.82
	材料费(元)				10607.19	12375.82	13263.43
	机械费(元)				3108.72	3643.20	3931.76
	每增减1mm厚度(元)				2325.56	2716.01	2915.34
类别	名称	规格	单位	单价(元)	消耗量		
人工	人工	—	工日	180.00	1.319	1.539	1.649
材料	聚氨酯涂料	—	L	425.00	24.290	28.360	30.400
	丙酮	—	kg	10.00	0.373	0.435	0.466
	二辛酯	—	kg	19.00	0.441	0.514	0.551
	水	—	m³	5.82	0.022	0.024	0.026
	拉耙	ϕ810	个	1200.00	0.010	0.010	0.010
	抓耙	ϕ810	个	1200.00	0.010	0.010	0.010
	钢丝耙	ϕ810	个	1200.00	0.010	0.010	0.010
	海绵辊	ϕ810	个	1200.00	0.010	0.010	0.010
	磨片	—	片	200.00	0.060	0.070	0.080

类别	名称	规格	单位	单价(元)	消耗量		
材料	旋杯	—	个	2000.00	0.001	0.001	0.001
	防水衣裤	—	套	160.00	0.004	0.004	0.004
	电	—	kW·h	0.90	1.200	1.400	1.600
	其他材料费	—	元	1.00	207.980	242.660	260.070
机械	高分子喷涂修复工程车	—	台班	9500.00	0.153	0.182	0.197
	CCTV检测设备	—	台班	2075.74	0.033	0.033	0.033
	高压疏通车	8000L	台班	3060.00	0.002	0.002	0.002
	气体检测仪	—	台班	80.00	0.125	0.138	0.150
	长管式呼吸器	—	台班	1130.45	0.004	0.004	0.004
	污水泵	$\phi100$	台班	500.00	0.125	0.138	0.150
	电动卷扬机	20kN	台班	300.00	0.153	0.165	0.177
	电动葫芦	2t	台班	34.42	0.125	0.138	0.150
	鼓风机	18m³/min	台班	222.41	0.153	0.165	0.177
	轴流风机	7.5kW	台班	100.00	0.153	0.165	0.177
	轴流烘干机	30kW	台班	250.00	0.153	0.165	0.177
	管道喷涂修复机器人	—	台班	8000.00	0.153	0.182	0.197
	对讲机	5km	对	5.29	0.125	0.138	0.150
	叉式起重机	5t	台班	557.45	0.105	0.111	0.117
	载重汽车	8t	台班	752.78	0.105	0.111	0.117
	其他机具费	—	元	1.00	3.560	4.160	4.450

3.10.2.5 DN1600～DN2000

聚氨酯涂料喷涂法修复消耗量计价标准（DN1600～DN2000） 表3-62

项目名称	聚氨酯涂料喷涂修复		
计量单位	m		
定额编号	3-18-13	3-18-14	3-18-15
管径直径	DN1600	DN1800	DN2000
厚度	8mm	8mm	8mm
基价	23473.33	26223.82	28987.66

其中	人工费(元)	406.98	457.74	508.68
	材料费(元)	18810.98	21169.18	23523.05
	机械费(元)	4255.37	4596.90	4955.93
	每增减1mm厚度(元)	2934.17	3277.98	3623.46

类别	名称	规格	单位	单价(元)	消耗量		
人工	人工	—	工日	180.00	2.261	2.543	2.826
材料	聚氨酯涂料	—	L	425.00	43.190	48.620	54.040
	丙酮	—	kg	10.00	0.497	0.560	0.622
	二辛酯	—	kg	19.00	0.588	0.661	0.735
	水	—	m³	5.82	0.028	0.030	0.032
	拉耙	$\phi810$	个	1200.00	0.010	0.010	0.010

类别	名称	规格	单位	单价(元)	消耗量		
材料	抓耙	φ810	个	1200.00	0.010	0.010	0.010
	钢丝耙	φ810	个	1200.00	0.010	0.010	0.010
	海绵辊	φ810	个	1200.00	0.010	0.010	0.010
	磨片	—	片	200.00	0.090	0.100	0.110
	旋杯	—	个	2000.00	0.001	0.001	0.001
	防水衣裤	—	套	160.00	0.004	0.004	0.004
	电	—	kW·h	0.90	1.600	1.800	2.000
	其他材料费	—	元	1.00	368.840	415.080	461.240
机械	高分子喷涂修复工程车	—	台班	9500.00	0.214	0.232	0.251
	CCTV检测设备	—	台班	2075.74	0.033	0.033	0.033
	高压疏通车	8000L	台班	3060.00	0.002	0.002	0.002
	气体检测仪	—	台班	80.00	0.162	0.174	0.186
	长管式呼吸器	—	台班	1130.45	0.004	0.004	0.004
	污水泵	φ100	台班	500.00	0.162	0.174	0.186
	电动卷扬机	20kN	台班	300.00	0.189	0.201	0.213
	电动葫芦	2t	台班	34.42	0.162	0.174	0.186
	鼓风机	18m³/min	台班	222.41	0.189	0.201	0.213
	轴流风机	7.5kW	台班	100.00	0.189	0.201	0.213
	轴流烘干机	30kW	台班	250.00	0.189	0.201	0.213
	管道喷涂修复机器人	—	台班	8000.00	0.214	0.232	0.251
	对讲机	5km	对	5.29	0.162	0.174	0.186
	叉式起重机	5t	台班	557.45	0.122	0.128	0.134
	载重汽车	8t	台班	752.78	0.122	0.128	0.134
	其他机具费	—	元	1.00	6.100	6.870	7.630

3.10.2.6 涵渠、场站

聚氨酯涂料喷涂法修复消耗量计价标准（涵渠、场站）　　　　表3-63

项目名称				聚氨酯涂料喷涂修复			
计量单位				m²			
定额编号				3-18-16	3-18-17	3-18-18	3-18-19
厚度				4mm	6mm	8mm	10mm
基价				2608.75	3563.84	4518.93	5474.20
其中	人工费(元)			40.50	60.66	80.82	101.16
	材料费(元)			1889.49	2824.12	3758.75	4693.37
	机械费(元)			678.76	679.06	679.36	679.67
	每增减1mm厚度(元)			652.19	593.97	564.87	547.42
类别	名称	规格	单位	单价(元)	消耗量		
人工	人工	—	工日	180.00	0.225	0.337	0.449	0.562
材料	聚氨酯涂料	—	L	425.00	4.312	6.468	8.624	10.780
	丙酮	—	kg	10.00	0.099	0.099	0.099	0.099

类别	名称	规格	单位	单价(元)	消耗量			
材料	二辛酯	—	kg	19.00	0.117	0.117	0.117	0.117
	堵漏王	—	kg	34.40	0.080	0.080	0.080	0.080
	水泥砂浆	—	m³	328.00	0.022	0.022	0.022	0.022
	水	—	m³	5.82	0.004	0.004	0.004	0.004
	磨片	—	片	200.00	0.020	0.020	0.020	0.020
	旋杯	—	个	2000.00	0.001	0.001	0.001	0.001
	防水衣裤	—	套	160.00	0.004	0.004	0.004	0.004
	其他材料费	—	元	1.00	37.050	55.370	73.700	92.030
机械	高分子喷涂修复工程车	—	台班	9500.00	0.050	0.050	0.050	0.050
	CCTV检测设备	—	台班	2075.74	0.033	0.033	0.033	0.033
	高压疏通车	8000L	台班	3060.00	0.002	0.002	0.002	0.002
	气体检测仪	—	台班	80.00	0.024	0.024	0.024	0.024
	长管式呼吸器	—	台班	1130.45	0.004	0.004	0.004	0.004
	污水泵	φ100	台班	500.00	0.024	0.024	0.024	0.024
	电动卷扬机	20kN	台班	300.00	0.050	0.050	0.050	0.050
	电动葫芦	2t	台班	34.42	0.024	0.024	0.024	0.024
	鼓风机	18m³/min	台班	222.41	0.050	0.050	0.050	0.050
	轴流风机	7.5kW	台班	100.00	0.050	0.050	0.050	0.050
	轴流烘干机	30kW	台班	250.00	0.050	0.050	0.050	0.050
	对讲机	5km	对	5.29	0.024	0.024	0.024	0.024
	叉式起重机	5t	台班	557.45	0.050	0.050	0.050	0.050
	载重汽车	8t	台班	752.78	0.050	0.050	0.050	0.050
	其他机具费	—	元	1.00	0.610	0.910	1.210	1.520

3.11 编织纤维增强复合材料（FRP）加固法

编织纤维增强复合材料（fiber reinforced polymer/plastic，简称FRP）加固法是由对位芳纶、高强玻纤复合纤维材料和专用树脂在现场预浸渍，送入基层预处理合格的原有管道中，按设计要求在管内湿敷施工，于自然条件固化形成网状交联型高强度内衬板状复合材料。固化后的特制复合纤维板具有较高的抗拉强度，其应力-应变关系为线性，根据计算需要，可以施工一层至多层，以提供抵抗拉力，或形成约束力；环境温度条件下固化的专用树脂具有较强的渗透粘结能力，与原有管道形成一个新的复合结构整体，共同承受管道内的水压力、管道外的土压力及可能的管道变形，从而增加了管道的承载能力，同时也作为内衬防腐和防渗。

编织纤维增强复合材料的复合形式分为两类：

（1）编织纤维增强复合材料由对位芳纶、高强玻纤复合纤维组成；

（2）编织纤维增强复合材料由玻璃纤维、3D芯垫织物（强芯毡）和碳纤维组成。

工作内容包括：管径测量、按设计规格和尺寸裁切复合纤维、树脂配比称量、基层涂浸树脂、复合纤维浸润树脂、管道表面烘干、下料及管内运输、湿敷施工、表面涂浸树脂、常温固化、拉拔试验、CCTV检测。

3.11.1 编织对位芳纶、高强玻纤复合纤维 FRP 加固法

给水管道采用编织对位芳纶、高强玻纤复合纤维 FRP 加固法的消耗量计价标准见表 3-64。

表 3-64

编织对位芳纶、高强玻纤复合纤维 FRP 加固法消耗量计价标准

项目名称					编织对位芳纶、高强玻纤复合纤维 FRP 加固法	
计量单位					m²	
定额编号					3-19-1	3-19-2
					单层	每增加一层
基价(元)					1446.59	1134.05
其中	人工费(元)				162.00	122.40
	材料费(元)				823.06	764.74
	机械费(元)				461.52	246.91
类别	名称	规格	单位	单价(元)	消耗量	消耗量
人工	人工	—	工日	180.00	0.900	0.680
材料	磨片	—	片	7.00	1.000	0.000
	丙酮	—	kg	10.00	1.400	1.120
	纤维增强聚合物基复合材料	一层复合厚度1.3mm	m²	261.00	1.170	1.170
	特种环氧树脂	—	kg	305.00	1.500	1.350
	其他材料费	—	元	1.00	39.190	36.420
机械	鼓风机	50m³/min	台班	450.00	0.200	0.150
	轴流风机	7.5kW	台班	100.00	0.200	0.150
	电动高压清洗机	500bar,22L/min	台班	115.00	0.250	0.000
	管道烘干机	45kW	台班	550.00	0.250	0.000
	树脂浸润机	—	台班	290.00	0.150	0.150
	CCTV 检测设备	—	台班	1500.00	0.025	0.025
	气体检测仪	—	台班	80.00	0.025	0.025
	电动拉拔仪	0~10kN	台班	40.00	0.250	0.250
	载重汽车	5t	台班	436.97	0.100	0.100
	长管呼吸器	—	台班	106.39	0.250	0.150
	其他机具费	—	元	1.00	21.980	11.760

3.11.2 编织玻璃纤维、3D 芯垫织物（强芯毡）和碳纤维 FRP 加固法

给水管道采用编织玻璃纤维、3D 芯垫织物（强芯毡）和碳纤维 FRP 加固法的消耗量计价标准见表 3-65。

其中 3D 芯垫织物（强芯毡），一般作为玻璃纤维层或碳纤维层的夹芯层来增加结构的环刚度。

设计和施工时，增加纤维层的层数，应减掉相应电动高压清洗机和管道烘干机的消耗量和费用。

项目名称					编织玻璃纤维、3D芯垫织物(强芯毡)和碳纤维 FRP 加固法		
计量单位					m²		
定额编号					3-20-1	3-20-2	3-20-3
					玻璃纤维层	3D芯垫织物(强芯毡)层	碳纤维层
基价(元)					992.52	2806.62	1191.78
其中	人工费(元)				162.00	162.00	162.00
	材料费(元)				369.00	2357.67	568.26
	机械费(元)				461.52	286.95	461.52
类别	名称	规格	单位	单价(元)	消耗量		
人工	人工	—	工日	180.00	0.900	0.900	0.900
材料	磨片	—	片	7.00	1.000	1.000	1.000
	丙酮	—	kg	10.00	1.400	1.400	1.400
	高模量玻璃纤维织物	单层克重≥800g/m²	m²	25.00	1.170	0.000	0.000
	3D芯垫织物(强芯毡)	单层厚度 10mm	m²	320.00	0.000	1.170	0.000
	碳纤维织物	单层克重≥800g/m²	m²	220.00	0.000	0.000	1.170
	特种环氧树脂	—	kg	160.00	1.320	11.000	1.080
	环氧粘合剂	—	kg	150.00	0.600	0.600	0.600
	其他材料费	—	元	1.00	17.550	112.270	27.060
机械	鼓风机	50m³/min	台班	450.00	0.200	0.200	0.200
	轴流风机	7.5kW	台班	100.00	0.200	0.200	0.200
	电动高压清洗机	500bar,22L/min	台班	115.00	0.250	0.000	0.250
	管道烘干机	45kW	台班	550.00	0.250	0.000	0.250
	树脂浸润机	—	台班	290.00	0.150	0.150	0.150
	CCTV 检测设备	—	台班	1500.00	0.025	0.025	0.025
	气体检测仪	—	台班	80.00	0.025	0.025	0.025
	电动拉拔仪	0～10kN	台班	40.00	0.250	0.250	0.250
	载重汽车	5t	台班	436.97	0.100	0.100	0.100
	长管呼吸器	—	台班	106.39	0.250	0.250	0.250
	其他机具费	—	元	1.00	21.980	13.660	21.980

3.12　管片内衬法

工作内容包括：模块拼装，管内搬运、管内组装、管内支撑、设置注浆口、管内注浆、管口处理、CCTV 检测修复效果、场地清理等。

管片内衬法修复消耗量计价标准见表 3-66～表 3-71。

3.12.1 DN800～DN1000

管片内衬法修复消耗量计价标准（DN800～DN1000）　　　表 3-66

项目名称					管片内衬法修复		
计量单位					m		
定额编号					3-21-1	3-21-2	3-21-3
管道直径					DN800	DN900	DN1000
基价（元）					6548.71	7695.09	9210.55
其中	人工费（元）				232.58	236.90	260.23
	材料费（元）				5312.50	6434.16	7862.71
	机械费（元）				1003.63	1024.03	1087.61
类别	名称	规格	单位	单价（元）	消耗量		
人工	人工	—	工日	180.00	1.2921	1.3161	1.4457
材料	PVC-U 管片	DN800	m	4500.00	1.000	0.000	0.000
		DN900	m	5500.00	0.000	1.000	0.000
		DN1000	m	6800.00	0.000	0.000	1.000
	高强度螺栓	—	kg	9.23	1.000	1.100	1.200
	特种灌浆料	—	kg	3.50	123.000	150.750	178.750
	防水密封胶	—	支	8.10	1.000	1.200	1.400
	塑料配件	—	m	250.00	1.000	1.000	1.000
	封口材料	—	个	150.00	0.070	0.070	0.070
	其他材料费	—	元	1.00	104.170	126.160	154.170
机械	气体检测仪	—	台班	80.00	0.695	0.705	0.716
	长管式呼吸器	—	台班	106.39	0.042	0.043	0.047
	模块气动工具	—	台班	250.00	0.695	0.705	0.716
	污水泵	φ100	台班	150.00	0.695	0.705	0.716
	轴流风机	7.5kW	台班	100.00	0.695	0.705	0.716
	双液压注浆泵	PH2×5	台班	331.29	0.105	0.114	0.125
	搅拌机	200L	台班	253.47	0.105	0.114	0.125
	洒水车	3000L	台班	609.65	0.105	0.114	0.125
	汽车起重机	8t	台班	709.09	0.000	0.000	0.060
	空气压缩机	10m³/min	台班	445.07	0.583	0.588	0.589
	载重汽车	2t	台班	291.91	0.583	0.588	0.589
		5t	台班	436.97	0.000	0.000	0.000
	CCTV 检测设备	—	台班	1500.00	0.025	0.025	0.025
	其他机具费	—	元	1.00	3.490	3.550	3.900

3.12.2 DN1200～DN1800

管片内衬法修复消耗量计价标准（DN1200～DN1800）　　　表 3-67

项目名称	管片内衬法修复		
计量单位	m		
定额编号	3-21-4	3-21-5	3-21-6

管道直径					DN1200	DN1500	DN1800
	基价(元)				10631.78	15671.09	19186.26
其中	人工费(元)				264.89	327.96	389.16
	材料费(元)				8984.88	13691.00	16833.12
	机械费(元)				1382.01	1652.13	1963.98
类别	名称	规格	单位	单价(元)	消耗量		
人工	人工	—	工日	180.00	1.4716	1.822	2.162
材料	PVC-U管片	DN1200	m	7600.00	1.000	0.000	0.000
		DN1500	m	11500.00	0.000	1.000	0.000
		DN1800	m	13800.00	0.000	0.000	1.000
	高强度螺栓	—	kg	9.23	1.300	1.500	1.700
	特种灌浆料	—	kg	3.50	241.500	444.000	649.980
	防水密封胶	—	支	8.10	1.600	2.000	2.400
	塑料配件	—	m	250.00	1.300	1.300	1.500
	封口材料	—	个	150.00	0.090	0.090	0.120
	其他材料费	—	元	1.00	176.170	268.450	330.060
机械	气体检测仪	—	台班	80.00	0.716	0.731	0.753
	长管式呼吸器	—	台班	106.39	0.048	0.060	0.071
	模块气动工具	—	台班	250.00	0.716	0.731	0.753
	污水泵	ϕ100	台班	150.00	0.716	0.731	0.753
	轴流风机	7.5kW	台班	100.00	0.716	0.731	0.753
	双液压注浆泵	PH2×5	台班	331.29	0.154	0.250	0.364
	搅拌机	200L	台班	253.47	0.154	0.250	0.364
	洒水车	3000L	台班	609.65	0.154	0.250	0.364
	汽车起重机	8t	台班	709.09	0.060	0.060	0.060
	空气压缩机	10m³/min	台班	445.07	0.592	0.714	0.851
	载重汽车	2t	台班	291.91	0.592	0.714	0.851
		5t	台班	436.97	0.589	0.714	0.851
	CCTV检测设备	—	台班	1500.00	0.025	0.025	0.025
	其他机具费	—	元	1.00	3.970	4.920	5.840

3.12.3 DN2000～DN3000

管片内衬法修复消耗量计价标准（DN2000～DN3000）　　表3-68

项目名称		管片内衬法修复		
计量单位		m		
定额编号		3-21-7	3-21-8	3-21-9
管道直径		DN2000	DN2400	DN3000
基价(元)		22072.34	26627.98	36007.90
其中	人工费(元)	487.42	889.69	1350.88
	材料费(元)	19106.22	21560.09	28759.97
	机械费(元)	2478.70	4178.20	5897.05

类别	名称	规格	单位	单价(元)	消耗量		
人工	人工	—	工日	180.00	2.7079	4.9427	7.5049
材料	PVC-U管片	DN2000	m	15600.00	1.000	0.000	0.000
		DN2400	m	17000.00	0.000	1.000	0.000
		DN3000	m	22400.00	0.000	0.000	1.000
	高强度螺栓	—	kg	9.23	1.800	1.900	2.100
	特种灌浆料	—	kg	3.50	771.690	1042.750	1489.500
	防水密封胶	—	支	8.10	2.600	2.800	3.200
	塑料配件	—	m	250.00	1.500	1.700	2.000
	封口材料	—	个	150.00	0.120	0.150	0.250
	其他材料费	—	元	1.00	374.630	422.750	563.920
机械	气体检测仪	—	台班	80.00	0.976	1.947	2.451
	长管式呼吸器	—	台班	106.39	0.089	0.160	0.246
	模块气动工具	—	台班	250.00	0.976	1.947	2.451
	污水泵	$\phi100$	台班	150.00	0.976	1.947	2.451
	轴流风机	7.5kW	台班	100.00	0.976	1.947	2.451
	双液压注浆泵	PH2×5	台班	331.29	0.444	0.571	1.000
	搅拌机	200L	台班	253.47	0.444	0.571	1.000
	洒水车	3000L	台班	609.65	0.444	0.571	1.000
	汽车起重机	8t	台班	709.09	0.060	0.148	0.148
	空气压缩机	10m³/min	台班	445.07	1.095	1.869	2.634
	载重汽车	2t	台班	291.91	1.095	1.869	2.634
		5t	台班	436.97	1.095	1.869	2.634
	CCTV检测设备	—	台班	1500.00	0.025	0.025	0.025
	其他机具费	—	元	1.00	7.310	13.350	20.260

3.12.4 箱涵（截面尺寸 1000～1200mm）

管片内衬法修复消耗量计价标准（箱涵截面尺寸 1000～2000mm）　表3-69

项目名称					管片内衬法修复		
计量单位					m		
定额编号					3-21-10	3-21-11	3-21-12
截面尺寸					箱涵 1000mm ×1000mm	箱涵 1100mm ×1100mm	箱涵 1200mm ×1200mm
基价(元)					11674.10	13697.71	16911.48
其中	人工费(元)				327.89	389.21	487.42
	材料费(元)				9541.09	11384.91	14381.42
	机械费(元)				1805.12	1923.59	2042.64
类别	名称	规格	单位	单价(元)	消耗量		
人工	人工	—	工日	180.00	1.8216	2.1623	2.7079

类别	名称	规格	单位	单价（元）	消耗量		
材料	PVC-U 管片	1000mm×1000mm	m	7900.00	1.000	0.000	0.000
		1100mm×1100mm	m	9500.00	0.000	1.000	0.000
		1200mm×1200mm	m	12200.00	0.000	0.000	1.000
	高强度螺栓	—	kg	9.23	1.300	1.400	1.500
	特种灌浆料	—	kg	3.50	272.586	331.886	394.805
	防水密封胶	—	支	8.10	1.600	1.500	1.700
	塑料配件	—	m	250.00	1.300	1.300	1.300
	封口材料	—	个	150.00	1.000	1.000	1.100
	其他材料费	—	元	1.00	187.080	223.230	281.990
机械	气体检测仪	—	台班	80.00	0.705	0.728	0.731
	长管式呼吸器	—	台班	106.39	0.076	0.076	0.076
	模块气动工具	—	台班	250.00	0.705	0.728	0.731
	污水泵	φ100	台班	150.00	0.705	0.728	0.731
	轴流风机	7.5kW	台班	100.00	0.705	0.728	0.731
	双液压注浆泵	PH2×5	台班	331.29	0.167	0.211	0.250
	搅拌机	200L	台班	253.47	0.167	0.211	0.250
	洒水车	3000L	台班	609.65	0.167	0.211	0.250
	汽车起重机	8t	台班	709.09	0.100	0.100	0.100
	空气压缩机	10m³/min	台班	445.07	0.916	0.960	1.019
	载重汽车	2t	台班	291.91	0.916	0.960	1.019
		5t	台班	436.97	0.916	0.960	1.019
	CCTV 检测设备	—	台班	1500.00	0.025	0.025	0.025
	其他机具费	—	元	1.00	4.920	5.840	7.310

3.12.5 箱涵（截面尺寸 1350～1650mm）

管片内衬法修复消耗量计价标准（箱涵截面尺寸 1350～1650mm）　　　　表 3-70

项目名称		管片内衬法修复		
计量单位		m		
定额编号		3-21-13	3-21-14	3-21-15
截面尺寸		箱涵 1350mm ×1350mm	箱涵 1500mm ×1500mm	箱涵 1650mm ×1650mm
基价（元）		18485.37	21359.36	23223.52
其中	人工费（元）	889.74	1350.90	1452.96
	材料费（元）	15506.95	17589.39	19192.47
	机械费（元）	2088.68	2419.07	2578.09

类别	名称	规格	单位	单价(元)	消耗量		
人工	人工	—	工日	180.00	4.943	7.505	8.072
材料	PVC-U 管片	1350mm×1350mm	m	13100.00	1.000	0.000	0.000
		1500mm×1500mm	m	14800.00	0.000	1.000	0.000
		1650mm×1650mm	m	16100.00	0.000	0.000	1.000
	高强度螺栓	—	kg	9.23	1.600	1.700	1.800
	特种灌浆料	—	kg	3.50	452.210	544.799	621.224
	防水密封胶	—	支	8.10	1.900	2.100	2.500
	塑料配件	—	m	250.00	1.300	1.300	1.300
	封口材料	—	个	150.00	1.100	1.200	1.200
	其他材料费	—	元	1.00	304.060	344.890	376.320
机械	气体检测仪	—	台班	80.00	0.737	0.737	0.737
	长管式呼吸器	—	台班	106.39	0.080	0.080	0.080
	模块气动工具	—	台班	250.00	0.731	0.737	0.737
	污水泵	φ100	台班	150.00	0.731	0.737	0.737
	轴流风机	7.5kW	台班	100.00	0.731	0.737	0.737
	双液压注浆泵	PH2×5	台班	331.29	0.267	0.267	0.333
	搅拌机	200L	台班	253.47	0.267	0.267	0.333
	洒水车	3000L	台班	609.65	0.267	0.267	0.333
	汽车起重机	8t	台班	709.09	0.100	0.100	0.100
	空气压缩机	10m³/min	台班	445.07	1.035	1.308	1.375
	载重汽车	2t	台班	291.91	1.035	1.308	1.375
		5t	台班	436.97	1.035	1.308	1.375
	CCTV 检测设备	—	台班	1500.00	0.025	0.025	0.025
	其他机具费	—	元	1.00	13.350	20.260	21.790

3.12.6 箱涵（截面尺寸 1800～2200mm）

管片内衬法修复消耗量计价标准（箱涵截面尺寸 1800～2200mm）   表 3-71

项目名称		管片内衬法修复		
计量单位		m		
定额编号		3-21-16	3-21-17	3-21-18
截面尺寸		箱涵 1800mm×1800mm	箱涵 2000mm×2000mm	箱涵 2200mm×2200mm
基价(元)		24619.72	29190.72	31761.32
其中	人工费(元)	1707.66	1962.18	2216.88
	材料费(元)	20069.33	23944.33	26140.47
	机械费(元)	2842.73	3284.21	3403.97

类别	名称	规格	单位	单价(元)	消耗量		
人工	人工	—	工日	180.00	9.487	10.901	12.316
材料	PVC-U 管片	1800mm×1800mm	m	16400.00	1.000	0.000	0.000
		2000mm×2000mm	m	19800.00	0.000	1.000	0.000
		2200mm×2200mm	m	21500.00	0.000	0.000	1.000
	高强度螺栓	—	kg	9.23	1.900	2.000	2.200
	特种灌浆料	—	kg	3.50	725.886	823.450	928.360
	防水密封胶	—	支	8.10	2.800	3.000	3.500
	塑料配件	—	m	250.00	1.700	1.800	2.000
	封口材料	—	个	150.00	1.800	2.000	2.200
	其他材料费	—	元	1.00	393.520	469.500	512.560
机械	气体检测仪	—	台班	80.00	0.753	0.976	0.976
	长管式呼吸器	—	台班	106.39	0.085	0.085	0.085
	模块气动工具	—	台班	250.00	0.753	0.976	0.976
	污水泵	$\phi100$	台班	150.00	0.753	0.976	0.976
	轴流风机	7.5kW	台班	100.00	0.753	0.976	0.976
	双液压注浆泵	PH2×5	台班	331.29	0.364	0.400	0.444
	搅拌机	200L	台班	253.47	0.364	0.400	0.444
	洒水车	3000L	台班	609.65	0.364	0.400	0.444
	汽车起重机	8t	台班	709.09	0.114	0.114	0.114
	空气压缩机	10m³/min	台班	445.07	1.544	1.770	1.824
	载重汽车	2t	台班	291.91	1.544	1.770	1.824
		5t	台班	436.97	1.544	1.770	1.824
	CCTV 检测设备	—	台班	1726.44	0.025	0.025	0.025
	其他机具费	—	元	1.00	25.610	29.430	33.250

3.13 垫衬法

垫衬法可用于修复箱涵和管道。

3.13.1 箱涵修复

工作内容：

（1）打开井盖、强制通风、有毒气体检测、高压清洗基层；

（2）速格垫制作安装、封口灌浆；

（3）CCTV 检测修复效果，场地清理等。

箱涵垫衬法修复的消耗量计价标准见表 3-72。

项目名称					箱涵垫衬法修复	
计量单位					m²	
定额编号					3-22-1	3-22-2
灌浆厚度					15mm	每增加 5mm
基价(元)					2540.75	448.08

其中		人工费(元)				180.00	90.00
		材料费(元)				2212.86	341.09
		机械费(元)				147.89	16.99

类别	名称	规格	单位	单价(元)	消耗量	
人工	人工	—	工日	180.00	1.000	0.500
材料	高徽浆	—	kg	19.00	52.795	17.600
	速格垫	HDPE,厚 2mm, 键高 13mm	m²	607.00	1.250	0.000
	气囊膜	厚 0.9mm×2m	m²	68.25	1.250	0.000
	不锈钢压条	—	m	22.59	0.099	0.000
	PE 塑料管	—	m	12.88	0.350	0.000
	塑料弹簧软管	φ50	m	33.50	0.350	0.000
	PVC 塑料管	—	m	58.00	1.010	0.000
	堵漏王	—	kg	34.40	4.702	0.000
	灌浆阀	—	m²	72.00	0.007	0.000
	磁垫片	—	套	8.30	10.000	0.000
	其他材料费	—	元	1.00	43.390	6.690
机械	气体检测仪	—	台班	80.00	0.054	0.000
	轴流风机	7.5kW	台班	100.00	0.041	0.000
	高压水清洗车	6m³	台班	2000.00	0.024	0.000
	手持式热风焊枪	—	台班	31.58	0.054	0.000
	挤出自动焊接机	—	台班	31.58	0.054	0.000
	热熔对接焊机	φ630	台班	50.09	0.020	0.000
	电动卷扬机	50kN	台班	450.00	0.010	0.000
	搅拌机	200L	台班	253.47	0.016	0.010
	污水泵	φ100	台班	150.00	0.024	0.000
	空气压缩机	20m³/min	台班	701.33	0.020	0.000
	发电机	50kW	台班	645.48	0.024	0.000
	双液压注浆泵	PH2×5	台班	331.29	0.020	0.000
	载重汽车	8t	台班	752.78	0.020	0.010
	叉车	5t	台班	557.45	0.000	0.010
	CCTV管道检测设备	—	台班	1500.00	0.014	0.000
	其他机械费	—	元	1.00	2.700	1.350

3.13.2 管道修复

工作内容:

（1）打开井盖、强制通风、有毒气体检测、高压清洗基层；

（2）速格垫制作安装、封口灌浆；

（3）CCTV 检测修复效果，场地清理等。

管道垫衬法修复的消耗量计价标准见表 3-73～表 3-78。

3.13.2.1 DN300～DN400

管道垫衬法修复消耗量计价标准（DN300～DN400）　　表 3-73

类别	项目名称				管道垫衬法修复			
	计量单位				m			
	定额编号				3-23-1		3-23-2	
	管道直径				DN300		DN400	
	灌浆厚度				15mm	每增加 5mm	15mm	每增加 5mm
	基价(元)				2754.64	418.16	3155.18	556.95
其中	人工费(元)				271.08	93.24	277.02	124.38
	材料费(元)				2078.38	321.96	2527.79	429.14
	机械费(元)				405.18	2.96	350.37	3.43
类别	名称	规格	单位	单价(元)	消耗量			
人工	人工	—	工日	180.00	1.506	0.518	1.539	0.691
材料	高徽浆	—	kg	19.00	53.079	16.579	67.500	22.106
	特制法兰	DN300	套	2000.00	0.051	0.000	0.000	0.000
		DN400	套	2000.00	0.000	0.000	0.050	0.000
	速格垫	HDPE,厚 2mm,键高 13mm	m²	607.00	1.264	0.000	1.625	0.000
	不锈钢压条	—	m	22.59	0.123	0.000	0.122	0.000
	PE 塑料管	—	m	12.88	1.000	0.000	0.078	0.000
	塑料弹簧软管	φ50	m	33.50	1.000	0.000	1.050	0.000
	PVC 塑料管	—	m	58.00	1.000	0.000	1.050	0.000
	玻璃纤维布	—	m²	4.14	0.476	0.000	0.476	0.000
	堵漏王	—	kg	34.40	1.264	0.000	0.010	0.000
	灌浆阀	—	m²	72.00	0.101	0.009	0.100	0.010
	其他材料费		元	1.00	40.750	6.310	49.560	8.410
机械	气体检测仪	—	台班	80.00	0.688	0.000	0.034	0.000
	高压水清洗车	6m³	台班	2000.00	0.035	0.000	0.034	0.000
	轴流风机	7.5kW	台班	100.00	0.035	0.000	0.034	0.000
	挤出自动焊接机	—	台班	31.58	0.035	0.000	0.034	0.000
	手持式热风焊枪	—	台班	31.58	0.104	0.000	0.103	0.000
	电动卷扬机	50kN	台班	450.00	0.035	0.000	0.034	0.000
	搅拌机	200L	台班	253.47	0.035	0.001	0.034	0.001
	污水泵	φ100	台班	150.00	0.031	0.000	0.031	0.000
	空气压缩机	20m³/min	台班	701.33	0.047	0.000	0.050	0.000
	发电机	50kW	台班	645.48	0.031	0.000	0.031	0.000
	双液压注浆泵	PH2×5	台班	331.29	0.047	0.000	0.050	0.000
	载重汽车	8t	台班	752.78	0.035	0.001	0.034	0.001

类别	名称	规格	单位	单价(元)	消耗量			
机械	叉车	5t	台班	557.45	0.070	0.001	0.069	0.001
	CCTV管道检测设备	—	台班	1500.00	0.070	0.000	0.069	0.000
	其他机械费	—	元	1.00	4.070	1.400	4.160	1.870

3.13.2.2 DN500～DN600

管道垫衬法修复消耗量计价标准（DN500～DN600）　　　　表 3-74

项目名称					管道垫衬法修复			
计量单位					m			
定额编号					3-23-3		3-23-4	
管道直径					DN500		DN600	
灌浆厚度					15mm	每增加 5mm	15mm	每增加 5mm
基价(元)					4118.55	719.55	5132.84	862.99
其中	人工费(元)				293.04	155.52	329.58	186.48
	材料费(元)				3326.14	536.68	4347.29	644.00
	机械费(元)				499.37	27.35	455.97	32.51
类别	名称	规格	单位	单价(元)	消耗量			
人工	人工	—	工日	180.00	1.628	0.864	1.831	1.036
材料	高徽浆	—	kg	19.00	86.111	27.632	103.125	33.158
	特制法兰	DN500	套	2200.00	0.056	0.000	0.000	0.000
		DN600	套	2200.00	0.000	0.000	0.063	0.000
	速格垫	HDPE,厚2mm, 键高13mm	m²	607.00	1.944	0.000	2.350	0.000
	气囊膜	厚0.9mm×2m	m²	68.25	1.944	0.000	2.350	0.000
	不锈钢压条	—	m	22.59	0.136	0.000	0.153	0.000
	PE塑料管	—	m	12.88	1.000	0.000	1.125	0.000
	塑料弹簧软管	φ50	m	33.50	1.000	0.000	1.125	0.000
	PVC塑料管	—	m	58.00	1.000	0.000	1.000	0.000
	玻璃纤维布	—	m²	4.14	0.440	0.000	0.000	0.000
	堵漏王	—	kg	34.40	2.083	0.000	13.280	0.000
	灌浆阀	—	m²	72.00	0.111	0.016	0.094	0.019
	其他材料费	—	元	1.00	65.220	10.520	85.240	12.630
机械	气体检测仪	—	台班	80.00	0.076	0.000	0.086	0.000
	高压水清洗车	6m³	台班	2000.00	0.021	0.000	0.024	0.000
	轴流风机	7.5kW	台班	100.00	0.076	0.000	0.086	0.000
	挤出自动焊接机	—	台班	31.58	0.076	0.000	0.086	0.000
	手持式热风焊枪	—	台班	31.58	0.153	0.000	0.172	0.000
	电动卷扬机	50kN	台班	450.00	0.076	0.000	0.086	0.000
	搅拌机	200L	台班	253.47	0.076	0.016	0.086	0.019
	污水泵	φ100	台班	150.00	0.069	0.000	0.077	0.000
	空气压缩机	20m³/min	台班	701.33	0.050	0.000	0.091	0.000

类别	名称	规格	单位	单价(元)	消耗量			
机械	载重汽车	8t	台班	752.78	0.076	0.016	0.086	0.019
	发电机	50kW	台班	645.48	0.069	0.000	0.077	0.000
	双液压注浆泵	PH2×5	台班	331.29	0.050	0.000	0.091	0.000
	叉车	5t	台班	557.45	0.076	0.016	0.086	0.019
	CCTV管道检测设备	—	台班	1500.00	0.115	0.000	0.034	0.000
	其他机械费	—	元	1.00	4.400	2.330	4.940	2.800

3.13.2.3 DN800～DN1000

管道垫衬法修复消耗量计价标准（DN800～DN1000）　　　　　表 3-75

项目名称					管道垫衬法修复			
计量单位					m			
定额编号					3-23-5		3-23-6	
管道直径					DN800		DN1000	
灌浆厚度					15mm	每增加5mm	15mm	每增加5mm
基价(元)					7112.81	1150.23	9008.13	1437.28
其中	人工费(元)				376.02	248.76	442.44	310.86
	材料费(元)				5945.82	858.65	7740.10	1073.29
	机械费(元)				790.97	42.82	825.59	53.13
类别	名称	规格	单位	单价(元)	消耗量			
人工	人工	—	工日	180.00	2.089	1.382	2.458	1.727
材料	高徽浆	—	kg	19.00	131.030	44.211	166.670	55.264
	特制法兰	DN800	套	2200.00	0.220	0.000	0.000	0.000
		DN1000	套	2200.00	0.000	0.000	0.220	0.000
	速格垫	HDPE,厚2mm,键高13mm	m²	607.00	3.140	0.000	4.000	0.000
	气囊膜	厚0.9mm×2m	m²	68.25	3.140	0.000	4.000	0.000
	不锈钢压条	—	m	22.59	0.070	0.000	0.070	0.000
	PE塑料管	—	m	12.88	0.720	0.000	0.720	0.000
	塑料弹簧软管	φ50	m	33.50	4.800	0.000	4.800	0.000
	PVC塑料管	—	m	58.00	1.200	0.000	1.200	0.000
	玻璃纤维布	—	m²	4.14	0.440	0.000	0.440	0.000
	堵漏王	—	kg	34.40	12.930	0.000	27.500	0.000
	灌浆阀	—	m²	72.00	0.660	0.025	0.660	0.031
	其他材料费	—	元	1.00	116.580	16.840	151.770	21.040
机械	气体检测仪	—	台班	80.00	0.095	0.000	0.138	0.000
	高压水清洗车	6m³	台班	2000.00	0.095	0.000	0.092	0.000
	轴流风机	7.5kW	台班	100.00	0.095	0.000	0.138	0.000
	挤出自动焊接机	—	台班	31.58	0.095	0.000	0.092	0.000
	手持式热风焊枪	—	台班	31.58	0.190	0.000	0.275	0.000

类别	名称	规格	单位	单价(元)	消耗量			
机械	电动卷扬机	50kN	台班	450.00	0.095	0.000	0.092	0.000
	搅拌机	200L	台班	253.47	0.142	0.025	0.183	0.031
	污水泵	$\phi100$	台班	150.00	0.095	0.000	0.092	0.000
	空气压缩机	$20m^3/min$	台班	701.33	0.075	0.000	0.073	0.000
	发电机	50kW	台班	645.48	0.095	0.000	0.092	0.000
	双液压注浆泵	PH2×5	台班	331.29	0.075	0.000	0.073	0.000
	载重汽车	8t	台班	752.78	0.095	0.025	0.138	0.031
	叉车	5t	台班	557.45	0.095	0.025	0.092	0.031
	CCTV管道检测设备	—	台班	1500.00	0.142	0.000	0.138	0.000
	其他机械费		元	1.00	5.640	3.730	6.640	4.660

3.13.2.4 DN1200～DN1400

管道垫衬法修复消耗量计价标准（DN1200～DN1400） 表 3-76

项目名称					管道垫衬法修复			
计量单位					m			
定额编号					3-23-7		3-23-8	
管道直径					DN1200		DN1400	
灌浆厚度					15mm	每增加 5mm	15mm	每增加 5mm
基价(元)					10669.51	1725.99	11785.60	2013.23
其中	人工费(元)				517.68	372.96	633.06	435.24
	材料费(元)				8752.41	1288.02	9539.12	1502.66
	机械费(元)				1399.42	65.01	1613.42	75.33

类别	名称	规格	单位	单价(元)	消耗量			
人工	人工	—	工日	180.00	2.876	2.072	3.517	2.418
材料	高徽浆	—	kg	19.00	197.820	66.317	230.790	77.370
	特制法兰	DN1200	套	3000.00	0.071	0.000	0.000	0.000
		DN1400	套	3000.00	0.000	0.000	0.071	0.000
	速格垫	HDPE,厚2mm, 键高13mm	m^2	607.00	4.710	0.000	5.280	0.000
	气囊膜	厚0.9mm×2m	m^2	68.25	4.710	0.000	5.280	0.000
	不锈钢压条	—	m	22.59	1.071	0.000	0.450	0.000
	PE塑料管	—	m	12.88	0.720	0.000	0.800	0.000
	塑料弹簧软管	$\phi50$	m	33.50	0.410	0.000	0.410	0.000
	PVC塑料管	—	m	58.00	1.200	0.000	1.200	0.000
	玻璃纤维布	—	m^2	4.14	0.440	0.000	0.440	0.000
	堵漏王	—	kg	34.40	36.600	0.000	30.000	0.000
	灌浆阀	—	m^2	72.00	0.710	0.038	0.710	0.044
	其他材料费	—	元	1.00	171.620	25.260	187.040	29.460
机械	气体检测仪	—	台班	80.00	0.147	0.000	0.160	0.000
	高压水清洗车	$6m^3$	台班	2000.00	0.147	0.000	0.214	0.000

类别	名称	规格	单位	单价(元)	消耗量			
机械	轴流风机	7.5kW	台班	100.00	0.196	0.000	0.214	0.000
	挤出自动焊接机	—	台班	31.58	0.147	0.000	0.160	0.000
	手持式热风焊枪	—	台班	31.58	0.147	0.000	0.160	0.000
	电动卷扬机	50kN	台班	450.00	0.098	0.000	0.107	0.000
	搅拌机	200L	台班	253.47	0.196	0.038	0.214	0.044
	污水泵	$\phi100$	台班	150.00	0.196	0.000	0.200	0.000
	空气压缩机	20m³/min	台班	701.33	0.196	0.000	0.214	0.000
	发电机	50kW	台班	645.48	0.196	0.000	0.200	0.000
	双液压注浆泵	PH2×5	台班	331.29	0.196	0.000	0.214	0.000
	载重汽车	8t	台班	752.78	0.196	0.038	0.200	0.044
	叉车	5t	台班	557.45	0.049	0.038	0.053	0.044
	CCTV管道检测设备	—	台班	1500.00	0.196	0.000	0.214	0.000
	液压动力渣浆泵	6寸	台班	461.20	0.295	0.000	0.321	0.000
	其他机具费	—	元	1.00	7.770	5.590	9.500	6.530

3.13.2.5 DN1500～DN1600

管道垫衬法修复消耗量计价标准（DN1500～DN1600）　　　表 3-77

项目名称					管道垫衬法修复			
计量单位					m			
定额编号					3-23-9		3-23-10	
管道直径					DN1500		DN1600	
灌浆厚度					15mm	每增加 5mm	15mm	每增加 5mm
基价(元)					13205.2	2156.85	13830.05	2300.28
其中	人工费(元)				633.06	466.38	675.36	497.34
	材料费(元)				10822.37	1609.98	11263.9	1717.29
	机械费(元)				1749.77	80.49	1890.79	85.65

类别	名称	规格	单位	单价(元)	消耗量			
人工	人工	—	工日	180.00	3.517	2.591	3.752	2.763
材料	高徽浆	—	kg	19.00	250.000	82.896	263.760	88.422
	特制法兰	DN1500	套	3000.00	0.083	0.000	0.000	0.000
		DN1600	套	3000.00	0.000	0.000	0.083	0.000
	速格垫	HDPE,厚2mm, 键高13mm	m²	607.00	5.890	0.000	6.042	0.000
	气囊膜	厚0.9mm×2m	m²	68.25	5.890	0.000	6.042	0.000
	不锈钢压条	—	m	22.59	0.407	0.000	0.407	0.000
	PE塑料管	—	m	12.88	0.720	0.000	0.720	0.000
	塑料弹簧软管	$\phi50$	m	33.50	0.410	0.000	0.410	0.000
	PVC塑料管	—	m	58.00	1.200	0.000	1.200	0.000
	玻璃纤维布	—	m²	4.14	0.440	0.000	0.440	0.000
	堵漏王	—	kg	34.40	43.000	0.000	45.000	0.000

类别	名称	规格	单位	单价(元)	消耗量			
材料	灌浆阀	—	m²	72.00	0.710	0.047	0.710	0.050
	其他材料费	—	元	1.00	212.200	31.570	220.860	33.670
机械	气体检测仪	—	台班	80.00	0.172	0.000	0.183	0.000
	高压水清洗车	6m³	台班	2000.00	0.229	0.000	0.244	0.000
	轴流风机	7.5kW	台班	100.00	0.229	0.000	0.244	0.000
	挤出自动焊接机	—	台班	31.58	0.172	0.000	0.183	0.000
	手持式热风焊枪	—	台班	31.58	0.172	0.000	0.183	0.000
	电动卷扬机	50kN	台班	450.00	0.115	0.000	0.122	0.000
	搅拌机	200L	台班	253.47	0.229	0.047	0.244	0.050
	污水泵	φ100	台班	150.00	0.229	0.000	0.261	0.000
	空气压缩机	20m³/min	台班	701.33	0.229	0.000	0.244	0.000
	发电机	50kW	台班	645.48	0.229	0.000	0.261	0.000
	双液压注浆泵	PH2×5	台班	331.29	0.229	0.000	0.244	0.000
	载重汽车	8t	台班	752.78	0.229	0.047	0.261	0.050
	叉车	5t	台班	557.45	0.057	0.047	0.061	0.050
	CCTV管道检测设备	—	台班	1500.00	0.229	0.000	0.244	0.000
	液压动力渣浆泵	6寸	台班	461.20	0.344	0.000	0.367	0.000
	其他机具费	—	元	1.00	9.500	7.000	10.130	7.460

3.13.2.6 DN1800～DN2000

管道垫衬法修复消耗量计价标准（DN1800～DN2000） 表3-78

项目名称	管道垫衬法修复			
计量单位	m			
定额编号	3-23-11		3-23-12	
管道直径	DN1800		DN2000	
灌浆厚度	15mm	每增加5mm	15mm	每增加5mm
基价(元)	15568.70	2585.32	17171.17	2907.87

其中	人工费(元)	653.04	559.62	849.06	621.72
	材料费(元)	13058.65	1928.18	14219.39	2178.31
	机械费(元)	1857.01	97.52	2102.72	107.84

类别	名称	规格	单位	单价(元)	消耗量			
人工	人工	—	工日	180.00	3.628	3.109	4.717	3.454
材料	高徽浆	—	kg	19.00	300.000	99.475	329.800	110.528
	特制法兰	DN1800	套	3000.00	0.077	0.000	0.000	0.000
		DN2000	套	3000.00	0.000	0.000	0.100	0.000
	速格垫	HDPE，厚2mm，键高13mm	m²	607.00	7.769	0.000	8.040	0.000
	气囊膜	厚0.9mm×2m	m²	68.25	7.769	0.000	8.040	0.000
	不锈钢压条	—	m	22.59	0.037	0.000	0.488	0.000
	PE塑料管	—	m	12.88	0.720	0.000	0.720	0.000

类别	名称	规格	单位	单价(元)	消耗量			
材料	塑料弹簧软管	φ50	m	33.50	0.410	0.000	0.410	0.000
	PVC塑料管	—	m	58.00	1.200	0.000	1.200	0.000
	玻璃纤维布	—	m²	4.14	0.440	0.000	0.440	0.000
	堵漏王	—	kg	34.40	43.000	0.000	52.000	0.000
	灌浆阀	—	m²	72.00	0.710	0.481	0.710	0.494
	其他材料费	—	元	1.00	256.050	37.810	278.810	42.710
机械	气体检测仪	—	台班	80.00	0.159	0.000	0.206	0.000
	高压水清洗车	6m³	台班	2000.00	0.212	0.000	0.275	0.000
	轴流风机	7.5kW	台班	100.00	0.264	0.000	0.275	0.000
	挤出自动焊接机	—	台班	31.58	0.264	0.000	0.206	0.000
	手持式热风焊枪	—	台班	31.58	0.264	0.000	0.206	0.000
	电动卷扬机	50kN	台班	450.00	0.159	0.000	0.138	0.000
	搅拌机	200L	台班	253.47	0.264	0.057	0.275	0.063
	污水泵	φ100	台班	150.00	0.264	0.000	0.275	0.000
	空气压缩机	20m³/min	台班	701.33	0.212	0.000	0.275	0.000
	发电机	50kW	台班	645.48	0.264	0.000	0.275	0.000
	双液压注浆泵	PH2×5	台班	331.29	0.212	0.000	0.275	0.000
	载重汽车	8t	台班	752.78	0.264	0.057	0.275	0.063
	叉车	5t	台班	557.45	0.106	0.057	0.069	0.063
	CCTV管道检测设备	—	台班	1500.00	0.264	0.000	0.275	0.000
	液压动力渣浆泵	6寸	台班	461.20	0.317	0.000	0.413	0.000
	其他机具费	—	元	1.00	9.800	8.390	12.740	9.330

3.14 螺旋缠绕内衬法

说明：

（1）设备固定式主要适用于DN600～DN2500圆形管道的修复，以待修复的原管道长度进行计算。如无特殊说明通常指钢塑加强型工艺。

（2）机头行走式工艺，适用于边长1000～5000mm之间任意形状管道的修复，以待修复的原管道表面积进行计算。

（3）拆卸阀门按照可正常拆卸考虑，因年久失修不能正常拆卸的，不在本次消耗量范围。

（4）本计价标准不包括管道试压的费用。

（5）断管处连接装置法兰及焊接、法兰短管、抱箍等管件安装不在本次消耗量范围，费用计取参照当地给水管道管件制作安装消耗量标准执行。

3.14.1 机头行走式

工作内容包括：设备安装调试、缠绕制管、管道内支撑搭设与拆除、环形间隙注浆、CCTV检测、清理现场等。

机头行走式螺旋缠绕内衬修复的消耗量计价标准见表3-79。

项目名称				机头行走式螺旋缠绕内衬修复		
计量单位				m²		
定额编号				3-24-1	3-24-2	3-24-3
箱涵边长或管道直径(D)				1000mm ≤D≤ 2000mm	2000mm <D≤ 3000mm	3000mm <D≤ 5000mm
基价(元)				3878.48	4180.22	4302.44
其中	人工费(元)			360.00	396.00	432.00
	材料费(元)			2311.93	2577.13	2662.81
	机械费(元)			1206.55	1207.09	1207.63
类别	名称	规格	单位	单价(元)	消耗量	
人工	人工	—	工日	180.00	2.000	2.200	2.400
材料	PVC-U 复合型材	80～16	m	140.00	12.500	0.000	0.000
		79～21	m	150.00	0.000	12.700	0.000
		79～31	m	150.00	0.000	0.000	12.700
	特种灌浆料	—	kg	3.50	140.000	170.000	194.000
	丝杠	—	m	6.00	0.400	0.400	0.400
	方管	50×50	m	11.00	2.200	2.200	2.200
	其他材料费	—	元	1.00	45.330	50.530	52.210
机械	缠绕机组	—	台班	9865.00	0.040	0.040	0.040
	搅拌机	200L	台班	253.47	0.120	0.120	0.120
	长管式呼吸器	—	台班	106.39	0.160	0.160	0.160
	气体检测仪	—	台班	80.00	0.160	0.160	0.160
	柴油发电机	30kW	台班	650.00	0.120	0.120	0.120
		90kW	台班	1800.00	0.040	0.040	0.040
	载重汽车	10t	台班	1000.00	0.160	0.160	0.160
	轴流风机	7.5kW	台班	100.00	0.160	0.160	0.160
	电动葫芦	2t	台班	34.42	0.160	0.160	0.160
	双液压注浆泵	PH2×5	台班	174.90	0.120	0.120	0.120
	CCTV 检测设备	—	台班	1500.00	0.040	0.040	0.040
	空气压缩机	6m³/min	台班	241.13	0.160	0.160	0.160
	汽车起重机	10t	台班	780.83	0.040	0.040	0.040
	污水泵	φ100	台班	150.00	0.160	0.160	0.160
	高压水清洗车	6m³	台班	2000.00	0.120	0.120	0.120
	其他机具费	—	元	1.00	5.400	5.940	6.480

3.14.2 设备固定式

工作内容包括：设备安装调试、缠绕制管、环形间隙注浆、CCTV 检测、清理现场等。

给水管道钢塑加强型螺旋缠绕内衬修复的消耗量计价标准见表 3-80～表 3-86。

3.14.2.1 DN600～DN800

给水管道钢塑加强型螺旋缠绕内衬修复消耗量计价标准（DN600～DN800）　　表 3-80

项目名称					给水管道钢塑加强型螺旋缠绕内衬修复		
计量单位					m		
定额编号					3-25-1	3-25-2	3-25-3
管道直径					DN600	DN700	DN800
基价(元)					5305.27	6193.80	7356.83
其中	人工费(元)				332.28	341.10	350.28
	材料费(元)				3521.73	4112.05	4976.52
	机械费(元)				1451.26	1740.65	2030.03
类别	名称	规格	单位	单价(元)	消耗量		
人工	人工	—	工日	180.00	1.846	1.895	1.946
材料	PVC-U 专用型材	126-20	m	150.00	16.000	19.000	23.000
	不锈钢带	0.7mm	m	22.00	16.000	19.000	23.000
	水溶性不锈钢冷轧防锈液	—	L	20.00	0.286	0.338	0.390
	特种灌浆料	—	kg	3.50	198.560	216.190	261.470
	其他材料费	—	元	1.00	69.050	80.630	97.580
机械	缠绕机组	—	台班	9865.00	0.050	0.060	0.070
	搅拌机	200L	台班	253.47	0.150	0.180	0.210
	双液压注浆泵	PH2×5	台班	174.90	0.150	0.180	0.210
	长管式呼吸器	—	台班	106.39	0.200	0.240	0.280
	气体检测仪	—	台班	80.00	0.200	0.240	0.280
	柴油发电机	30kW	台班	650.00	0.150	0.180	0.210
		100kW	台班	1800.00	0.050	0.060	0.070
	载重汽车	10t	台班	1000.00	0.150	0.180	0.210
	轴流风机	7.5kW	台班	100.00	0.200	0.240	0.280
	电动葫芦	2t	台班	34.42	0.050	0.060	0.070
	CCTV 检测设备	—	台班	1500.00	0.050	0.060	0.070
	空气压缩机	6m³/min	台班	241.13	0.200	0.240	0.280
	汽车起重机	10t	台班	780.83	0.050	0.060	0.070
	污水泵	φ100	台班	150.00	0.200	0.240	0.280
	高压水清洗车	6m³	台班	2000.00	0.150	0.180	0.210
	其他机具费	—	元	1.00	4.980	5.120	5.250

3.14.2.2 DN900～DN1100

给水管道钢塑加强型螺旋缠绕内衬修复消耗量计价标准（DN900～DN1100）　　表 3-81

项目名称		给水管道钢塑加强型螺旋缠绕内衬修复		
计量单位		m		
定额编号		3-25-4	3-25-5	3-25-6
管道直径		DN900	DN1000	DN1100
基价(元)		8357.58	9458.60	11126.05
其中	人工费(元)	370.26	381.24	392.76
	材料费(元)	5667.73	6468.35	7907.19
	机械费(元)	2319.59	2609.01	2826.10

类别	名称	规格	单位	单价(元)	消耗量		
人工	人工	—	工日	180.00	2.057	2.118	2.182
材料	PVC-U专用型材	91-25	m	150.00	26.000	29.000	36.000
	不锈钢带	0.7mm	m	22.00	26.000	0.000	0.000
		0.9mm	m	25.00	0.000	29.000	36.000
	水溶性不锈钢冷轧防锈液	—	L	20.00	0.442	0.494	0.736
	特种灌浆料	—	kg	3.50	307.360	359.040	410.690
	其他材料费	—	元	1.00	111.130	126.830	155.040
机械	缠绕机组	—	台班	9865.00	0.080	0.090	0.100
	搅拌机	200L	台班	253.47	0.240	0.270	0.300
	双液压注浆泵	PH2×5	台班	174.90	0.240	0.270	0.300
	长管式呼吸器	—	台班	106.39	0.320	0.360	0.400
	气体检测仪	—	台班	80.00	0.320	0.360	0.400
	柴油发电机	30kW	台班	650.00	0.240	0.270	0.300
		100kW	台班	1800.00	0.080	0.090	0.100
	载重汽车	10t	台班	1000.00	0.240	0.270	0.300
	轴流风机	7.5kW	台班	100.00	0.320	0.360	0.400
	电动葫芦	2t	台班	34.42	0.080	0.090	0.100
	CCTV检测设备	—	台班	1500.00	0.080	0.090	0.100
	空气压缩机	6m³/min	台班	241.13	0.320	0.360	0.400
	汽车起重机	10t	台班	780.83	0.080	0.090	0.100
	污水泵	φ100	台班	150.00	0.320	0.360	0.400
	高压水清洗车	6m³	台班	2000.00	0.240	0.270	0.300
	其他机具费	—	元	1.00	5.550	5.720	5.890

3.14.2.3 DN1200～DN1400

给水管道钢塑加强型螺旋缠绕内衬修复消耗量计价标准（DN1200～DN1400）　　　表3-82

项目名称					给水管道钢塑加强型螺旋缠绕内衬修复		
计量单位					m		
定额编号					3-25-7	3-25-8	3-25-9
管道直径					DN1200	DN1300	DN1400
基价(元)					12529.12	13317.81	15313.86
其中	人工费(元)				405.00	418.14	432.00
	材料费(元)				8936.24	9422.35	11115.07
	机械费(元)				3187.88	3477.32	3766.79
类别	名称	规格	单位	单价(元)	消耗量		
人工	人工	—	工日	180.00	2.250	2.323	2.400
材料	PVC-U专用型材	91-25	m	150.00	40.000	42.000	48.000
	不锈钢带	0.9mm	m	25.00	40.000	42.000	48.000
	水溶性不锈钢冷轧防锈液	—	L	20.00	0.808	0.879	0.951
	特种灌浆料	—	kg	3.50	498.530	534.290	708.030
	其他材料费	—	元	1.00	175.220	184.750	217.940

类别	名称	规格	单位	单价(元)	消耗量		
机械	缠绕机组	—	台班	9865.00	0.110	0.120	0.130
	搅拌机	200L	台班	253.47	0.330	0.360	0.390
	双液压注浆泵	PH2×5	台班	174.90	0.330	0.360	0.390
	长管式呼吸器	—	台班	106.39	0.440	0.480	0.520
	气体检测仪	—	台班	80.00	0.440	0.480	0.520
	柴油发电机	30kW	台班	650.00	0.330	0.360	0.390
		100kW	台班	1800.00	0.110	0.120	0.130
	载重汽车	10t	台班	1000.00	0.330	0.360	0.390
	轴流风机	7.5kW	台班	100.00	0.440	0.480	0.520
	电动葫芦	2t	台班	34.42	0.110	0.120	0.130
	CCTV检测设备	—	台班	1500.00	0.110	0.120	0.130
	空气压缩机	6m³/min	台班	241.13	0.440	0.480	0.520
	汽车起重机	10t	台班	780.83	0.110	0.120	0.130
	污水泵	φ100	台班	150.00	0.440	0.480	0.520
	高压水清洗车	6m³	台班	2000.00	0.330	0.360	0.390
	其他机具费	—	台班	1.00	6.080	6.270	6.480

3.14.2.4 DN1500～DN1700

给水管道钢塑加强型螺旋缠绕内衬修复消耗量计价标准（DN1500～DN1700） 表3-83

项目名称					给水管道钢塑加强型螺旋缠绕内衬修复		
计量单位					m		
定额编号					3-25-10	3-25-11	3-25-12
管道直径					DN1500	DN1600	DN1700
基价(元)					16574.55	18045.40	19266.92
其中	人工费(元)				446.94	462.78	480.06
	材料费(元)				12071.35	13236.86	14151.59
	机械费(元)				4056.26	4345.76	4635.27
类别	名称	规格	单位	单价(元)	消耗量		
人工	人工	—	工日	180.00	2.483	2.571	2.667
材料	PVC-U专用型材	91-25	m	150.00	52.000	55.000	60.000
	不锈钢带	0.9mm	m	25.00	52.000	0.000	0.000
		1.2mm	m	28.00	0.000	55.000	60.000
	水溶性不锈钢冷轧防锈液	—	L	20.00	1.022	1.099	1.171
	特种灌浆料	—	kg	3.50	775.490	904.380	905.910
	其他材料费	—	元	1.00	236.690	259.550	277.480
机械	缠绕机组	—	台班	9865.00	0.140	0.150	0.160
	搅拌机	200L	台班	253.47	0.420	0.450	0.480
	双液压注浆泵	PH2×5	台班	174.90	0.420	0.450	0.480
	长管式呼吸器	—	台班	106.39	0.560	0.600	0.640
	气体检测仪	—	台班	80.00	0.560	0.600	0.640

类别	名称	规格	单位	单价(元)	消耗量		
机械	柴油发电机	30kW	台班	650.00	0.420	0.450	0.480
		100kW	台班	1800.00	0.140	0.150	0.160
	载重汽车	10t	台班	1000.00	0.420	0.450	0.480
	轴流风机	7.5kW	台班	100.00	0.560	0.600	0.640
	电动葫芦	2t	台班	34.42	0.140	0.150	0.160
	CCTV 检测设备	—	台班	1500.00	0.140	0.150	0.160
	空气压缩机	6m³/min	台班	241.13	0.560	0.600	0.640
	汽车起重机	10t	台班	780.83	0.140		0.160
	污水泵	φ100	台班	150.00	0.560	0.600	0.640
	高压水清洗车	6m³	台班	2000.00	0.420	0.450	0.480
	其他机具费	—	元	1.00	6.700	6.940	7.200

3.14.2.5 DN1800～DN2000

给水管道钢塑加强型螺旋缠绕内衬修复消耗量计价标准（DN1800～DN2000）　　表3-84

项目名称					给水管道钢塑加强型螺旋缠绕内衬修复		
计量单位					m		
定额编号					3-25-13	3-25-14	3-25-15
管道直径					DN1800	DN1900	DN2000
基价(元)					20258.85	21483.01	22841.48
其中	人工费(元)				498.42	518.40	540.00
	材料费(元)				14835.63	15750.25	16797.55
	机械费(元)				4924.80	5214.36	5503.93

类别	名称	规格	单位	单价(元)	消耗量		
人工	人工	—	工日	180.00	2.769	2.880	3.000
材料	PVC-U 专用型材	91-25	m	150.00	64.000	66.000	71.000
	不锈钢带	1.2mm	m	28.00	64.000	66.000	71.000
	水溶性不锈钢冷轧防锈液	—	L	20.00	1.236	1.308	1.379
	特种灌浆料		kg	3.50	893.720	1047.790	1086.460
	其他材料费	—	元	1.00	290.890	308.830	329.360
机械	缠绕机组	—	台班	9865.00	0.170	0.180	0.190
	搅拌机	200L	台班	253.47	0.510	0.540	0.570
	双液压注浆泵	PH2×5	台班	174.90	0.510	0.540	0.570
	长管式呼吸器	—	台班	106.39	0.680	0.720	0.760
	气体检测仪	—	台班	80.00	0.680	0.720	0.760
	柴油发电机	30kW	台班	650.00	0.510	0.540	0.570
		100kW	台班	1800.00	0.170	0.180	0.190
	载重汽车	10t	台班	1000.00	0.510	0.540	0.570
	轴流风机	7.5kW	台班	100.00	0.680	0.720	0.760
	电动葫芦	2t	台班	34.42	0.170	0.180	0.190
	CCTV 检测设备	—	台班	1500.00	0.170	0.180	0.190

类别	名称	规格	单位	单价(元)	消耗量		
机械	空气压缩机	6m³/min	台班	241.13	0.680	0.720	0.760
	汽车起重机	10t	台班	780.83	0.170	0.180	0.190
	污水泵	φ100	台班	150.00	0.680	0.720	0.760
	高压水清洗车	6m³	台班	2000.00	0.510	0.540	0.570
	其他机具费	—	元	1.00	7.480	7.780	8.100

3.14.2.6 DN2100～DN2300

给水管道钢塑加强型螺旋缠绕内衬修复消耗量计价标准（DN2100～DN2300）　　表 3-85

	项目名称				给水管道钢塑加强型螺旋缠绕内衬修复		
	计量单位				m		
	定额编号				3-25-16	3-25-17	3-25-18
	管道直径				DN2100	DN2200	DN2300
	基价(元)				23866.66	25193.30	26753.52
其中	人工费(元)				589.14	720.00	810.00
	材料费(元)				17483.59	18388.16	19567.77
	机械费(元)				5793.93	6085.14	6375.75
类别	名称	规格	单位	单价(元)	消耗量		
人工	人工	—	工日	180.00	3.273	4.000	4.500
材料	PVC-U 专用型材	91-25	m	150.00	73.000	76.000	79.000
	不锈钢带	1.2mm	m	28.00	73.000	76.000	79.000
	水溶性不锈钢冷轧防锈液	—	L	20.00	1.451	1.523	1.595
	特种灌浆料	—	kg	3.50	1176.500	1276.900	1454.340
	其他材料费	—	元	1.00	342.820	360.550	383.680
机械	缠绕机组	—	台班	9865.00	0.200	0.210	0.220
	搅拌机	200L	台班	253.47	0.600	0.630	0.660
	双液压注浆泵	PH2×5	台班	174.90	0.600	0.630	0.660
	长管式呼吸器	—	台班	106.39	0.800	0.840	0.880
	气体检测仪	—	台班	80.00	0.800	0.840	0.880
	柴油发电机	30kW	台班	650.00	0.600	0.630	0.660
		100kW	台班	1800.00	0.200	0.210	0.220
	载重汽车	10t	台班	1000.00	0.600	0.630	0.660
	轴流风机	7.5kW	台班	100.00	0.800	0.840	0.880
	电动葫芦	2t	台班	34.42	0.200	0.210	0.220
	CCTV 检测设备	—	台班	1500.00	0.200	0.210	0.220
	空气压缩机	6m³/min	台班	241.13	0.800	0.840	0.880
	汽车起重机	10t	台班	780.83	0.200	0.210	0.220
	污水泵	φ100	台班	150.00	0.800	0.840	0.880
	高压水清洗车	6m³	台班	2000.00	0.600	0.630	0.660
	其他机具费	—	元	1.00	8.840	10.800	12.150

给水管道钢塑加强型螺旋缠绕内衬修复消耗量计价标准（DN2400～DN2500）　表 3-86

项目名称					给水管道钢塑加强型螺旋缠绕内衬修复		
计量单位					m		
定额编号					3-25-19	3-25-20	
管道直径					DN2400	DN2500	
基价(元)					28151.94	29256.97	
其中	人工费(元)				990.00	1080.00	
	材料费(元)				20494.24	21218.66	
	机械费(元)				6667.70	6958.31	
类别	名称	规格	单位	单价(元)	消耗量		
人工	人工	—	工日	180.00	5.500	6.000	
材料	PVC-U 专用型材	91-25	m	150.00	84.000	88.000	
	不锈钢带	1.2mm	m	28.00	84.000	88.000	
	水溶性不锈钢冷轧防锈液	—	L	20.00	1.667	1.739	
	特种灌浆料	—	kg	3.50	1459.160	1458.240	
	其他材料费	—	元	1.00	401.850	416.050	
机械	缠绕机组	—	台班	9865.00	0.230	0.240	
	搅拌机	200L	台班	253.47	0.690	0.720	
	双液压注浆泵	PH2×5	台班	174.9	0.690	0.720	
	长管式呼吸器	—	台班	106.39	0.920	0.960	
	气体检测仪	—	台班	80.00	0.920	0.960	
	柴油发电机	30kW	台班	650.00	0.690	0.720	
		100kW	台班	1800.00	0.230	0.240	
	载重汽车	10t	台班	1000.00	0.690	0.720	
	轴流风机	7.5kW	台班	100.00	0.920	0.960	
	电动葫芦	2t	台班	34.42	0.230	0.240	
	CCTV 检测设备	—	台班	1500.00	0.230	0.240	
	空气压缩机	6m³/min	台班	241.13	0.920	0.960	
	汽车起重机	10t	台班	780.83	0.230	0.240	
	污水泵	φ100	台班	150.00	0.920	0.960	
	高压水清洗车	6m³	台班	2000.00	0.690	0.720	
	其他机具费	—	元	1.00	14.850	16.200	

附件 《城镇供水管网漏水探测收费标准》（2024）

行业协会计价参考依据

《城镇供水管网漏水探测收费标准》
（2024）

中国测绘学会地下管线专业委员会

2024 年 6 月

《城镇供水管网漏水探测收费标准》
编制单位和人员

主编单位： 中国测绘学会地下管线专业委员会
　　　　　　广州番禺职业技术学院

参编自来水公司：

　　北京市自来水集团有限责任公司
　　北京市自来水集团禹通市政工程有限公司
　　上海浦东威立雅自来水有限公司
　　武汉市水务集团有限公司
　　广州市自来水有限公司
　　哈尔滨供水集团有限责任公司
　　乌鲁木齐水业集团有限公司
　　兰州城市供水集团有限公司
　　天津水务集团有限公司
　　阳江市水务集团有限公司

参编单位： 保定金迪地下管线探测工程有限公司
　　深圳市厚德检测技术有限公司
　　深圳市工勘岩土集团有限公司
　　北京博宇智图信息技术有限公司
　　天津精仪精测科技有限公司
　　厦门之源公司工程有限公司
　　云南勘正管线探测有限公司
　　深圳博铭维智能科技有限公司
　　上海誉帆环境科技股份有限公司
　　广州迪升探测工程技术有限公司
　　厦门海迈科技股份有限公司
　　大连沃泰克国际贸易有限公司
　　上海汇晟管线技术工程有限公司
　　厦门市政水务集团有限公司
　　深圳拓安信物联股份有限公司

参编人员： 朱艳峰　王和平　黄　琛　廖静云　何　鑫　佟景男　陈德明　刘会忠　许　晋
　　　　　　陈　璜　忻盛沛　余海忠　陈　鸿　沈　涛　封　皓　黄志昌　李　彪　代　毅
　　　　　　张琼洁　黄进超　张　泓　陈　粤　李庆富　李　智　詹益鸿　齐轶昆　郑　鹏
　　　　　　秦　静　田　若　谭　俊　曹积宏　赵东升　田　红　刘　彬

1 说　　明

一、为使城镇供水管网漏水探测收费经济合理，符合市场供求规律，促进行业健康发展，为供水管网漏水探测供需双方合理计算漏水探测费用提供依据，制定本标准。

二、本收费标准属于行业协会的指导价格，供行业协会会员单位参考使用，适用于国内城镇、居住小区、学校、工业园区等供水管网漏水常规探测作业项目，非常规作业项目（管道内检测、气体检测、卫星探漏等）费用另计。

三、编制依据：

1.《城镇供水管网漏损控制及评定标准》CJJ 92—2016

2.《城镇供水管网漏水探测技术规程》CJJ 159—2011

3.《工程勘察设计收费标准》（2002）

4.《测绘生产成本费用定额计算细则》（2009）

5.《测绘生产成本费用定额》（2009）

四、本收费标准所指的漏水探测工作范围包括《城镇供水管网漏水探测技术规程》CJJ 159—2011规定的探测准备、探测作业、成果检验和成果报告等。

五、本收费标准的计费项目按探测类型分为明漏点探测、暗漏点探测及应急探测。其中明漏点探测按漏水点数量进行计费，暗漏点探测包含漏水点数量、漏水量、管道长度三种计费方式；应急探测以200km为界按实际工作日计费。

六、本收费标准按3人/班组测算，配置管线探测仪、听声杆、听漏仪、相关仪、发电机、钻探棒、电钻及运输车等常规漏水探测所用设备。

七、本收费标准定义的漏水探测费的计算方法：

$$漏水探测费＝探测量×单价×附加调整系数$$

◆ 探测量按计费方式的不同分为漏水点数量、漏水量、管道长度、工作时间等，在使用时具体采用何种计费方式应根据实际情况在合同中约定；

◆ 单价，即本收费标准规定的完成每单位的价格。

八、本收费标准的单价是按照产销差率（城市/地区/片区）大于25％的工作难度和探测效率制定的，当产销差率≤25％时，按下表的附加调整系数进行调整。

R_{nrw}	$R_{nrw}≤10\%$	$10\%<R_{nrw}≤12\%$	$12\%<R_{nrw}≤15\%$	$15\%<R_{nrw}≤20\%$	$20\%<R_{nrw}≤25\%$	$25\%<R_{nrw}$
$β$	2.5	2	1.5	1.2	1.1	1

注：1. 表中"R_{nrw}"为供水管网所在城市/地区/片区上一自然年产销差率；

2. 产销差率＝（供水量－售水量）/供水量；

3. 表中"$β$"为附加调整系数。

九、高海拔地区、寒冷地区供水管网漏水探测增加费，应按国家及地区相关部门颁布的规定执行。

十、本收费标准的解释、补充、修改、勘误等管理工作，由中国测绘学会地下管线专业委员会负责。

2 城镇供水管网漏水探测收费标准

单价表

编号	探测类型	计费方式	适用范围	使用方法	收费标准		
					规格	单价	单位
1-1	明漏点探测	按漏水点个数	适用于可直接目视确定的漏水点	1. 探测量:查出明漏水点数量,以"个"为单位计算; 2. 探测费用=明漏水点数量×单价	个	130	元/个
2-1	暗漏点探测	按漏水点个数	适用于按照探测出的漏水点个数计费的情况	1. 探测量:区分漏水点所在管径,以"个"为单位计算; 2. 探测费用=∑探测量×对应管径单价	DN≤75	1100	元/个
2-2					75<DN≤200	3000	元/个
2-3					200<DN≤400	5300	元/个
2-4					400<DN≤600	7500	元/个
2-5					600<DN≤800	10800	元/个
2-6					800<DN≤1000	16200	元/个
2-7					DN>1000	19100	元/个
3-1	暗漏点探测	按漏水量	适用于无 DMA 的情况	1. 探测量:按照漏水点每小时漏水量,以"m^3/h"为单位计算; 2. 探测量的统计方法:视现场具体情况可采用:计时称量法[①]、计量差计算法[②]和经验公式计算法[③]等; 3. 探测费用=探测量×24h×45d[④]×单价	无 DMA	1.245	元/m^3/h
3-2			适用于有 DMA 的情况	1. 探测量:漏水点探测前后夜间最小流量差值,以"m^3/h"为单位计算; 2. 探测量的统计方法:Q_1[⑤]－Q_2[⑥]; 3. 探测费用=探测量×24h×45d×单价	有 DMA	1.121	元/m^3/h
4-1	暗漏点探测	按长度计费	适用于可能存在暗漏点的小区建筑红线内管网周期性探漏	1. 探测量:区分管道总长度,以"次"为单位计算; 2. 探测费用=探测量×单价	$L<100m$	1500	元/次
4-2					100m<L≤1000m	3000	
4-3					1000m<L	3000＋1500 元/增加 500 米	
4-4			适用于可能存在暗漏点的市政管网周期性探漏	1. 探测量:按照管道总长度,以"km"为单位计算; 2. 探测费用=公里数×单价	5km 以下市政道路	4320	元/km
4-5					5～30km市政道路	3600	
4-6					30km 以上市政道路	2400	

编号	探测类型	计费方式	适用范围	使用方法	收费标准		
					规格	单价	单位
5-1	应急探漏	按天计费	适用于可能存在暗漏点的,已大致确认漏水点范围,需协助定位确认漏水点的情况	1. 探测量:区分现场至公司的距离,以"工作日"为单位计算;工作日按 8h 工作制计算,4h 以内按半个工作日计算,4h 以上 8h 以内按一个工作日计算; 2. 探测量的统计方法: 工作日数=往返时间+现场时间; 3. 探测费用=工作日数×单价	按天(200km 以内)	6000	元/工作日
5-2					按天(200~600km)	11500	

注:

① 计时称量法:漏点开挖后,在正常供水压力下,用接水容器或挖坑等方式接收从漏水点流出的管道漏水,同时用秒表等进行计时。计算出单位时间内的漏水量,即可得到漏点的漏水量数据。

② 计量差计算法:对一个单位,可根据漏点修复前后水表最小流量之差计算漏水量;对一个城市,可根据测漏前出厂总最小瞬时流量与全部漏点修复后的总最小瞬时流量差计算漏水量。

③ 经验公式计算法:根据漏点面积和漏水压力按下式计算漏水量:

$$Q_L = C_1 \cdot C_2 \cdot A \cdot \sqrt{2gH}$$

式中:Q_L——漏点流量(m^3/s);

C_1——覆土对漏水出流影响,折算为修正系数,根据管径大小取值:DN15~DN50 取 0.96,DN75~DN300 取 0.95,DN300 以上取 0.94。在实际工作过程中,一般取 $C_1 = 1$;

C_2——流量系数(取 0.6);

A——漏水孔面积(m^2),一般采用模型计取漏水孔的周长,折算为孔口面积,在不具备条件时,可凭经验进行目测;

H——孔口压力(m),一般应进行实测,不具备条件时可取管网平均控制压力;

g——重力加速度,取 $9.8m/s^2$。

④ d:天数。

⑤ Q_1:被委托方检漏前,该 DMA 小区的夜间最小流量值,单位为 m^3/h。

⑥ Q_2:被委托方巡查完毕,确认无漏并且上报漏水点全部修复后,该 DMA 小区修漏结束后 5d 内夜间平均最小流量的平均值,单位为 m^3/h。

3 术语和符号

3.1 术语

3.1.1 城镇供水管网 water supply pipe nets in cities and towns

城镇辖区内的各种地下供水管道及其管件和管道设备。

3.1.2 供水管网漏水探测 leak detection of water supply pipes nets

运用适当的仪器设备和技术方法，通过研究漏水声波特征、管道供水压力或流量变化、管道周围介质物性条件变化以及管道破损状况等，确定管道漏水点的过程。

3.1.3 漏水点 leak point

经证实的供水管道泄漏处。

3.1.4 明漏点 visible leak

可直接目视确定的地下供水管道漏水点。

3.1.5 暗漏点 invisible leak

掩埋于地下、需要借助一定的手段和方法才可能确定的供水管道漏水点。

3.1.6 产销差率 non-revenue water rate

供水企业供水量、售水量差额与供水量之比。

3.2 符号

3.2.1 R_{nrw}——产销差率。